I0479265

COMPENDIUM D'ASTROPHYSIQUE

LES ÉTOILES DE L'UNIVERS

volume 1

JOSE RUIZ WATZECK

RÉSUMÉ

rigide

étoiles noires

étoiles à neutrons

considérations finales

Références bibliographiques

RÉSUMÉ

Les étoiles sont l'une des entités les plus fascinantes de l'univers et depuis l'Antiquité, elles font l'objet d'études et d'émerveillements. Avec l'avènement de la technologie moderne, nous avons pu mieux découvrir et comprendre la nature de ces entités cosmiques, qui sont les éléments constitutifs de l'univers.

Dans ce livre, nous explorerons les plus grandes étoiles connues de l'univers, qui ont des dimensions inimaginables et défient notre compréhension de la physique stellaire. De taille, de luminosité et d'âge variables, ces étoiles offrent un aperçu unique de l'évolution et de la dynamique de l'univers.

La formation d'une étoile géante commence par l'effondrement gravitationnel d'un nuage moléculaire de gaz et de poussière. Au fur et à mesure que le nuage se contracte, la température et la densité de son noyau augmentent jusqu'à ce que l'allumage nucléaire se produise, initiant la fusion de l'hydrogène en hélium. L'énergie libérée par ce processus soutient l'étoile, qui entre dans un équilibre hydrostatique entre la force de gravité et la pression de rayonnement.

Cependant, les plus grandes étoiles de l'univers suivent un chemin évolutif différent. Comme ils ont une masse beaucoup plus grande que le Soleil, ils brûlent leur combustible nucléaire beaucoup plus rapidement. En conséquence, leur durée de vie est nettement plus courte et leur sort final est très différent.

Alors que l'étoile approche de la fin de sa vie, elle subit une série d'explosions thermonucléaires qui aboutissent à une supernova.

Cela libère une quantité incroyable d'énergie et peut conduire à la formation d'objets stellaires compacts, tels que des trous noirs ou des étoiles à neutrons.

La structure interne d'une étoile géante est influencée par sa masse, sa température et son âge. Au fur et à mesure que l'étoile vieillit, elle se dilate et se refroidit, ce qui donne une atmosphère de plus en plus mince et un noyau de plus en plus dense.

Les étoiles géantes sont connues pour leur luminosité élevée, qui est une mesure de la quantité d'énergie qu'elles émettent. En effet, ces étoiles ont un taux de fusion nucléaire très élevé en leur cœur, ce qui entraîne la libération d'énormes quantités d'énergie sous forme de rayonnement électromagnétique. Certaines de ces étoiles peuvent émettre plus d'un million de fois la luminosité du Soleil.

Les étoiles géantes ont des implications importantes pour l'évolution de l'univers, elles sont responsables de la production d'éléments lourds, comme le fer, qui sont essentiels à la formation et à la vie des planètes. De plus, une explosion de supernova peut entraîner la formation de nouvelles étoiles et de nouveaux systèmes planétaires.

Cependant, les étoiles géantes peuvent également constituer un danger pour la vie dans l'univers, une explosion de supernova peut être extrêmement destructrice et peut anéantir toute vie dans un système stellaire à proximité.

Les mesures astronomiques sont utilisées pour étudier les objets célestes et comprendre l'univers. Ces mesures sont effectuées à l'aide d'unités spéciales pour quantifier les distances, les tailles, les masses et d'autres propriétés des corps célestes.

Certaines des unités les plus courantes utilisées en astronomie comprennent : Unité astronomique (UA) : utilisée pour mesurer les distances dans le système solaire, correspondant à la distance moyenne entre la Terre et le Soleil, environ 150 millions de kilomètres.

Année-lumière (AL) : utilisée pour mesurer les distances hors du système solaire, correspondant à la distance parcourue par la lumière en un an, soit 9,5 trillions de kilomètres.

Parsec (pc) - Une autre unité de mesure de distance en dehors du système solaire, correspondant à la distance à laquelle une étoile aurait une parallaxe d'une seconde d'arc, représentant 3,2 AL (année-lumière). Nous pouvons également appliquer la mesure des mégaparsecs et des gigaparsecs à de plus grandes distances, cependant, un sujet pour un futur livre.

Magnitude apparente - Utilisé pour mesurer la luminosité des objets célestes, des nombres plus petits indiquant une plus grande luminosité.

Magnitude absolue : Elle est utilisée pour mesurer la luminosité intrinsèque d'un objet céleste, en ajustant sa magnitude apparente en fonction de sa distance.

Radian (rad) : utilisé pour mesurer des angles dans le ciel, correspondant à l'angle central sous-tendu par un arc de longueur égale au rayon de la circonférence.

Ces mesures astronomiques sont essentielles pour l'investigation et la compréhension de l'univers, et sont utilisées dans plusieurs domaines de l'astronomie, tels que l'astrophysique, l'astrobiologie et la cosmologie.

Pour conclure, les étoiles sont de véritables colosses cosmiques qui défient notre compréhension de l'univers. Sa taille, sa luminosité et son évolution présentent un ensemble unique de défis pour la physique stellaire et notre compréhension de la dynamique de l'univers. De plus, ces étoiles ont des implications importantes pour l'évolution de l'univers et pourraient jouer un rôle crucial dans la formation des planètes et de la vie. Ce livre offre un regard détaillé et accessible sur ces phénomènes célestes extraordinaires et leur importance pour notre compréhension de l'univers.

SOLEIL

Par rapport à tous les corps de notre système solaire, tels que les comètes, les poussières d'étoiles, les astéroïdes, les planètes, les satellites naturels, etc., orbitent autour de cette étoile. Classée naine jaune,responsable de 99,86 % desPâtesdu système solaire, le Soleil a une masse 332 900 fois celle de la Terre.Atterrir, c'est le tienvolumeElle est 1,3 million de fois supérieure à celle de notre planète. La distance de la Terre au Soleil est d'environ 150 millionskilomètresou 1unité astronomique(AU). Cette distance varie tout au long de l'année, d'un minimum de 147,1 millions de kilomètres (0,9833 UA) au périhélie[1], jusqu'à un maximum de 152,1 millions de kilomètres (1,017 UA), enaphélie[2](qui se produit autour de la journéele 4 juillet).

La lumière du soleil met environ 500 secondes, soit 8 minutes et 34 secondes pour atteindre la Terre, sa composition primaire est de 74% de sa masse ou 91% de son volume, elle constitue l'hydrogène, 24% de sa masse soit les 7% de son volume, est constitué d'hélium et les autres éléments étant de l'ordre de 2% de son volume, constitue en ; calcium, chrome, soufre, fer, néon, nickel, oxygène et silicium. Sa classe spectrale est connue sous le nom de G2V,sa température varie selon la couche de sa structure. Le noyau, qui correspond à la partie centrale de la structure solaire, est aussi sa région la plus chaude. C'est en elle que se produit le processus de fusion des atomes d'hydrogène, entraînant la formation d'hélium. La fusion nucléaire est responsable de la génération de chaleur qui se propage à d'autres couches. Ainsi, la température du noyau du Soleil atteint 15,7 millions de degrés Celsius. À la surface solaire, appelée photosphère, la température est beaucoup plus basse qu'au cœur, atteignant 5 500 °C. La zone convective, constituée d'une couche intermédiaire, a des températures allant jusqu'à deux millions de degrés Celsius ou5780 degrés Kelvin[3]ou 5 780K où sa couleur d'origine est le blanc, bien qu'ici sur Terre on le voit en jaune, orange et parfois rougeâtre lorsqu'il est à l'horizon.L'origine du Soleil est associée à l'effondrement gravitationnel de la nébuleuse solaire, un nuage formé de poussières et de gaz, ce processus a commencé il y a environ 4 500 millions d'années, ce qui correspond à l'âge du Soleil.

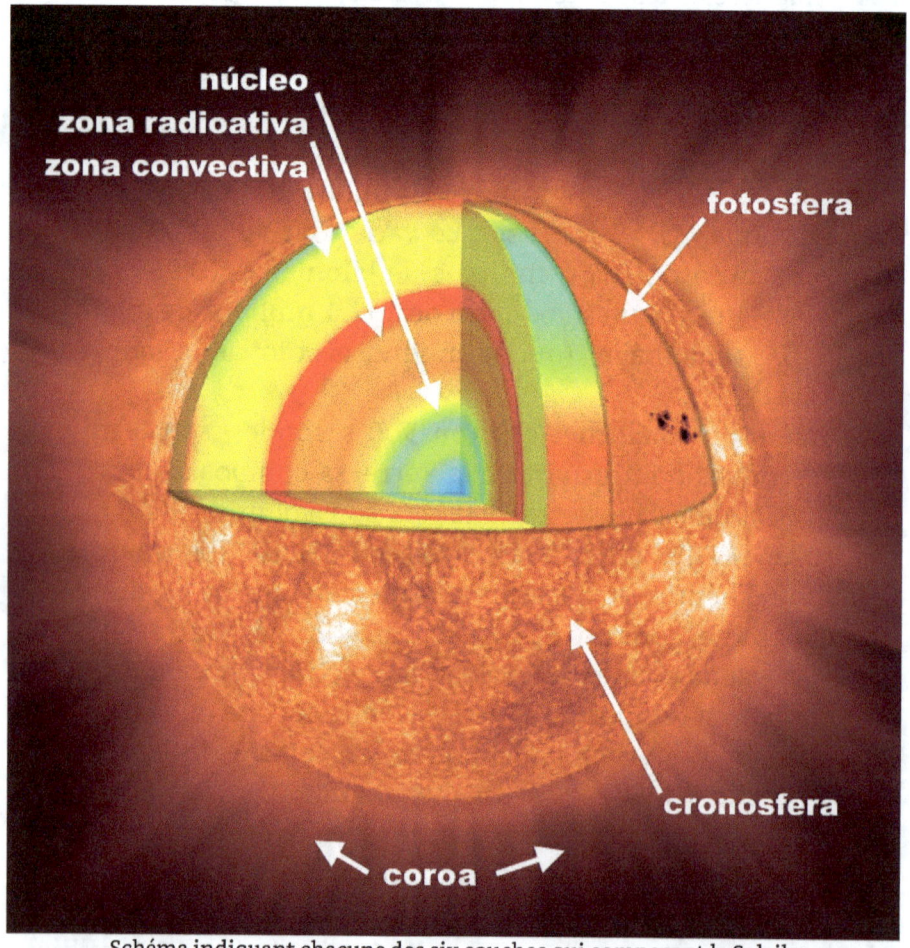

Schéma indiquant chacune des six couches qui composent le Soleil.

. **Centre:** Elle correspond à la couche la plus interne du Soleil. Elle fait environ mille fois la taille de la Terre et est également plus dense que notre planète. Comme nous l'avons vu précédemment, c'est au cœur du Soleil que se produisent les réactions nucléaires responsables de la production d'atomes d'hélium. À la suite de ce processus, l'émission de lumière et la génération de chaleur ont lieu.

. **Zone radiative :** c'est une couche étendue qui entoure le noyau, correspondant à près de la moitié du rayon du Soleil. L'énergie générée dans le noyau solaire est rayonnée à travers cette région, où la température chute considérablement par rapport à la première couche.

. **zone convective :** Aussi appelée zone de convection, elle correspond à la couche située au-dessus de la zone radiative. Dans celui-ci, l'énergie est transférée au moyen de courants de convection formés par le mouvement des gaz à haute température.

. **Photosphère:** correspond à la surface du Soleil. A l'aide d'instruments appropriés, il est possible d'observer les colonnes thermiques qui montent de la zone convective vers la photosphère, qui se présentent sous forme de granules. Des taches sombres sont également observées et sont appelées taches solaires.

. **Atmosphère:** forme l'atmosphère solaire, juste au-dessus de la photosphère. Il a une couleur rose et des températures plus basses, autour de 4 700 °C. Des jets de gaz sont émis depuis cette couche vers la couronne.

. **Couronne:** couche la plus externe de l'atmosphère solaire. La couronne est beaucoup plus chaude que les couches en dessous, atteignant 2 millions de degrés Celsius dans les zones les plus éloignées de la surface. Il s'agit d'une région très étendue, longue de plusieurs millions de kilomètres, constituée de gaz en mouvement. Sa vitesse est variable et peut atteindre 400 km/s. C'est là que se forme le vent solaire.

Il n'y a pas de surface solide sur le Soleil, et pour cette raison, il est difficile de déterminer combien de jours il faut pour effectuer une rotation. On estime qu'à sa ligne équatoriale, ce mouvement prend 25 jours terrestres, et aux pôles il prend plus de temps, 36 jours terrestres.

Le cycle de vie du soleil

évolution stellairese mesure de deux manières : à travers l'âge actuel deséquence, qui est déterminé parmodélisation informatiquede l'évolution stellaire ; Estnucléocosmochronologie[4]. L'âge mesuré à l'aide de ces procédures est en accord avec lesâge radiométrique[5]du matériau le plus ancien trouvé dans le système solaire, qui a 4 567 millions d'années.

Le Soleil est à peu près à mi-chemin de la séquence principale, la période pendant laquelle la fusion nucléaire fusionne l'hydrogène en hélium. Chaque seconde, plus de 4 millions de tonnes de matière sont converties en énergie à l'intérieur du centre solaire, produisant des neutrinos et du rayonnement solaire. À ce rythme, le Soleil a converti environ 100 masses terrestres en énergie depuis sa formation jusqu'à aujourd'hui. Le Soleil restera sur la séquence principale pendant environ 10 milliards (10 milliards) d'années.Dans environ 5 milliards d'années, l'hydrogène du noyau solaire s'épuisera. Lorsque cela se produit, le Soleil se contracte sous sa propre gravité, élevant la température du noyau solaire à 100 millions de kelvins, suffisamment pour initier lafusion nucléaire à l'hélium, produisantcharbon, entrant dans la phase debranche géante asymptotique.

production d'énergie solaire

La fusion de l'hydrogène se produit principalement dans une chaîne de réactions appeléechaîne proton-proton:

$$4\,^1H \rightarrow 2\,^2H + 2\,y^+ + 2v_{Est}(4,0\text{ MeV} + 1,0\text{ MeV})$$

$$2^1H + 2^2H \rightarrow 2^3He + 2\gamma\ (5,5\text{ MeV})$$

$$deux^3le \rightarrow\ ^4He + 2^1H\ (12,9\text{ MeV})$$

Ces réactions peuvent être résumées selon la formule suivante :

$$4^1H \rightarrow\ ^4le + 2\text{ et}^+ + 2v_{Est} + 2\ \gamma\ (26,7\text{ MeV})$$

Le Soleil a environ 8,9 x 1056 noyaux d'hydrogène (protons libres) et la chaîne proton-proton se produit 9,2 x 1037 fois par seconde dans le noyau solaire. Étant donné que cette réaction utilise quatre protons, environ 3,7 x 1038 protons (ou 6,2 x 1011 kg) sont convertis en noyaux d'hélium chaque seconde.[Cette réaction convertit 0,7 % de la fonte en énergie et, par conséquent, environ 4,26 millions de tonnes métriques par seconde sont converties en 383 yotta-watts (3,83 x 1026 W), soit 9,15 x 1010 mégatonnes deTNTd'énergie par seconde, selon l'équation masse-énergieE=mc²dansAlbert Einstein.

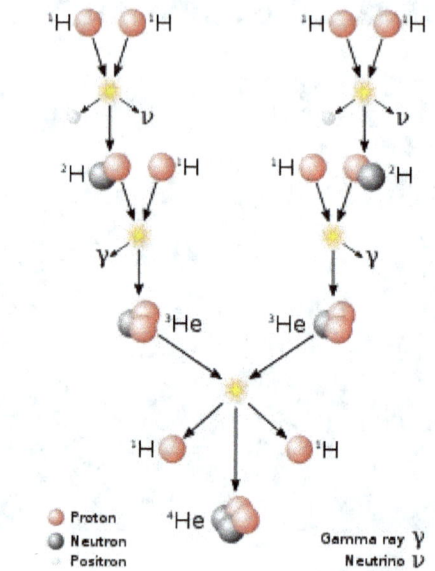

diagramme dechaîne proton-proton, le cycle deLa fusion
nucléairegénère la majeure partie de l'énergie solaire

La densité de puissance est d'environ 194 µW/kg de matière, et bien que la fusion ait lieu dans le noyau solaire relativement petit, la densité de puissance du plasma dans cette région est 150 fois plus élevée. En comparaison, la chaleur produite par le corps humain est de 1,3 W/kg, soit environ 600 fois celle du Soleil, par unité de masse.

Même en ne prenant en compte que le noyau solaire, avec des densités 150 fois supérieures à la densité moyenne de l'étoile, le Soleil produit relativement peu d'énergie, à raison de 0,272 W/m³. Étonnamment, cette puissance est bien inférieure à celle générée par une bougie allumée. Utiliser du plasma sur Terre avec des paramètres similaires à ceux du noyau solaire est impossible, même une modeste centrale de 1 GW nécessiterait environ 5 milliards (5 milliards) de tonnes métriques de plasma.

Le taux de fusion nucléaire dépend fortement de la densité et de la température du noyau : un taux de fusion légèrement plus élevé provoque le réchauffement du noyau, dilatant les couches externes du Soleil et diminuant par conséquent la pression gravitationnelle exercée par les couches externes. . et le taux de fusion. Au fur et à mesure que la vitesse de fusion diminue, les couches externes se contractent, augmentant leur pression contre le noyau solaire, ce qui augmentera à nouveau la vitesse de fusion, provoquant la répétition du cycle.

Les photons de haute énergie (rayons gamma) générés par la fusion nucléaire sont absorbés par les noyaux présents dans le plasma solaire et réémis à nouveau dans une direction aléatoire, cette fois avec une énergie légèrement inférieure. Ils sont ensuite absorbés à nouveau et le cycle se répète. En conséquence, le rayonnement généré par la fusion nucléaire dans le noyau solaire met beaucoup de temps à atteindre la surface. Les estimations du temps de voyage vont de 10 à 170 000 ans.

Après avoir traversé la couche de convection jusqu'à la surface "transparente" de la photosphère, les photons s'échappent sous forme de lumière visible. Chaque rayon gamma du noyau solaire est converti en plusieurs millions de photons visibles avant de s'échapper dans l'espace. Les neutrinos sont également générés par la fusion nucléaire dans le noyau, mais contrairement aux photons, ils interagissent rarement avec la matière. La plupart des neutrinos produits finissent par s'échapper immédiatement du Soleil. Pendant plusieurs années, les mesures du nombre de neutrinos produits par le Soleil ont été trois fois inférieures aux prévisions. Ce problème a été récemment résolu avec la découverte des effets d'oscillation des neutrinos.

ALPHA CENTAURE

L'étoile Alpha Centauri est un système triple étoile situé à environ 4,37 années-lumière de la Terre dans la constellation du Centaure. C'est l'étoile la plus proche de notre système solaire, visible à l'œil nu dans l'hémisphère sud.

Le système se compose de trois étoiles : Alpha Centauri A, Alpha Centauri B et Proxima Centauri. Alpha Centauri A et B orbitent l'un autour de l'autre, formant un système binaire, tandis que Proxima Centauri est plus éloigné et orbite autour de la paire centrale.
Alpha Centauri A est l'étoile la plus brillante du système, avec une masse légèrement supérieure à celle du Soleil, tandis qu'Alpha Centauri B est légèrement plus petite et plus froide. Proxima Centauri est une étoile naine rouge, d'environ un huitième de la masse du Soleil.

Il y a beaucoup d'intérêt pour Alpha Centauri en tant que destination potentielle pour l'exploration spatiale et la recherche de vie extraterrestre, car c'est l'étoile la plus proche de notre système solaire. Plusieurs missions et initiatives sont prévues pour étudier de plus près ce système stellaire.

Chacune de ces étoiles a ses propres caractéristiques physiques et chimiques distinctes.

Alpha Centauri A est une étoile jaune-blanche, avec une masse d'environ 1,1 fois celle du Soleil, un rayon d'environ 1,22 fois le rayon du Soleil et une température d'environ 5800 Kelvin. Sa luminosité est d'environ 1,5 fois celle du Soleil.

Alpha Centauri B est une étoile jaune et orange, avec une masse d'environ 0,9 fois celle du Soleil, un rayon d'environ 0,86 fois le rayon du Soleil et une température d'environ 5 300 Kelvin. Sa luminosité est d'environ 0,5 fois celle du Soleil.

Proxima Centauri est une étoile naine rouge, avec une masse

d'environ 0,12 fois celle du Soleil, un rayon d'environ 0,14 fois le rayon du Soleil et une température d'environ 3000 Kelvin. Sa luminosité est d'environ 0,0015 fois celle du Soleil.

Quant à la composition chimique, les trois étoiles sont composées principalement d'hydrogène et d'hélium, avec des traces d'autres éléments tels que le carbone, l'oxygène, l'azote, le fer et d'autres métaux. L'analyse de la lumière émise par les étoiles permet aux scientifiques de déterminer la composition chimique et d'autres propriétés physiques de ces objets célestes.

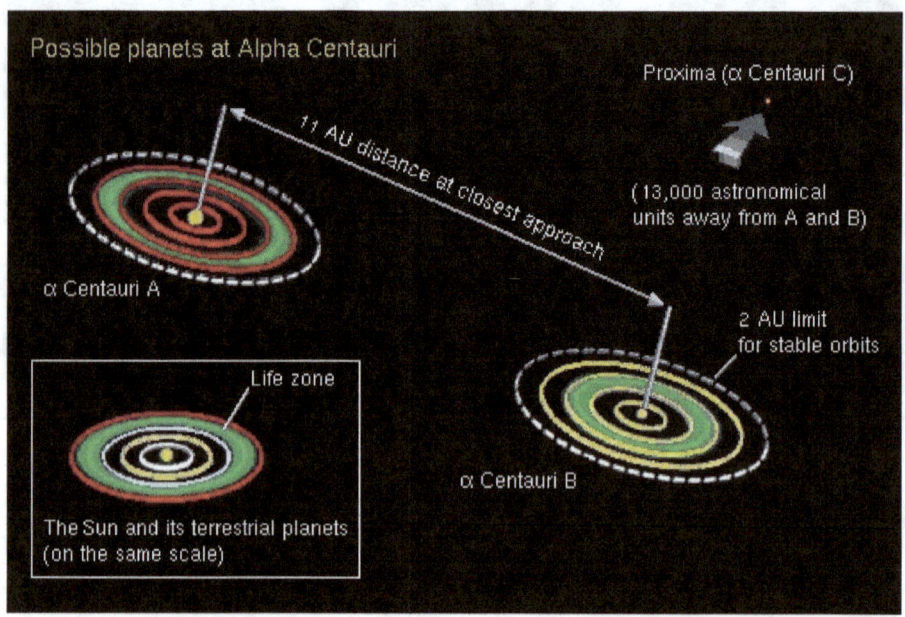

La distance entre Alpha Centauri A et Alpha Centauri B varie avec le temps, en raison de leur orbite elliptique autour de leur centre de masse commun. Cette distance varie d'environ 11 unités astronomiques (UA) au périastre (le point le plus proche de l'orbite) à environ 35 UA à l'apoastrum (le point le plus éloigné de l'orbite). En moyenne, la distance entre les deux étoiles est d'environ 23,7 UA.

La distance entre Alpha Centauri A et Proxima Centauri est d'environ 13 000 UA, soit environ 4,24 années-lumière. La distance entre Alpha Centauri B et Proxima Centauri est d'environ 12 900 UA, soit environ 4,22 années-lumière.

En résumé, les étoiles du système Alpha du Centaure sont relativement proches les unes des autres par rapport aux autres étoiles de l'univers, mais elles sont encore trop éloignées pour être atteintes avec les technologies actuelles.

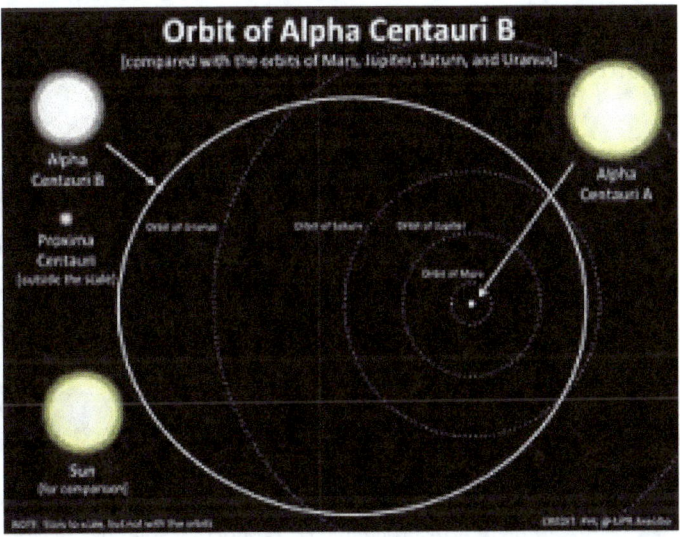

Jusqu'à présent, quelques planètes en orbite autour d'étoiles du système Alpha Centauri ont été découvertes, mais aucune d'entre elles n'orbite directement autour d'étoiles Alpha Centauri A ou B, qui forment un système binaire.

La première planète découverte dans le système Alpha Centauri était Proxima b, en 2016, qui orbite autour de l'étoile Proxima Centauri sur une orbite très proche, avec une période orbitale d'environ 11,2 jours. Proxima b est une planète rocheuse avec une masse similaire à celle de la Terre et des orbites dans une zone habitable, ce qui signifie qu'il pourrait y avoir de l'eau liquide à sa surface. Cependant, il reste à voir si la planète possède une atmosphère propice à la vie.

En 2017, une autre planète en orbite autour de l'étoile Alpha Centauri B a été découverte, mais son existence doit encore être confirmée par d'autres observatoires et des recherches supplémentaires sont nécessaires pour confirmer sa présence.

En plus de ces deux planètes, plusieurs initiatives sont en cours pour rechercher plus de planètes dans le système Alpha Centauri, dont le projet "Breakthrough Starshot", qui propose d'envoyer une flotte de sondes spatiales ultra-rapides pour étudier le système de près. Grâce à ces efforts, d'autres planètes du système Alpha Centauri pourraient être découvertes à l'avenir.

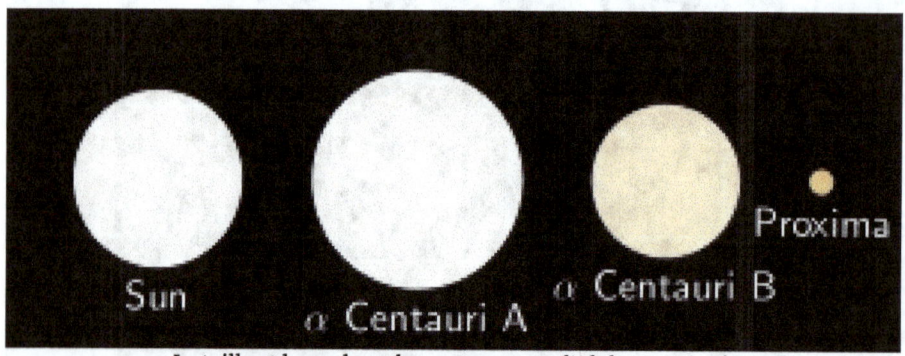

La taille et la couleur des composants d'Alpha Centauri semblent être à l'échelle par rapport au Soleil.

SIRIUS

S irius est une étoile binaire située dans la constellation du Grand Chien. C'est l'étoile la plus brillante du ciel nocturne, avec une magnitude apparente de -1,46. L'étoile principale, connue sous le nom de Sirius A, est une étoile de séquence principale de type spectral A1V, tandis que la compagne, connue sous le nom de Sirius B, est une naine blanche extrêmement dense. La distance de Sirius à la Terre est d'environ 8,6 années-lumière, ce qui en fait l'une des étoiles les plus proches de nous, en termes de kilomètres, cette distance équivaut à environ 8,1 billions de km (8,1 x 10 ^ 12 km).

Cette distance est relativement proche en termes astronomiques, faisant de Sirius l'une des étoiles les plus proches de notre système solaire. La proximité de Sirius a permis aux astronomes d'étudier et d'observer l'étoile avec détail et précision, en utilisant différentes techniques d'observation telles que la spectroscopie, la photométrie et l'interférométrie.

De plus, Sirius est d'une grande importance historique et culturelle pour de nombreuses sociétés du monde, y compris la culture égyptienne antique et la culture indigène Dogon, qui ont des légendes et des mythes sur l'étoile.

La composition chimique et physique de Sirius A, l'étoile principale du système binaire, est bien connue des astronomes et des scientifiques. Sur la base d'observations spectroscopiques, on pense que la composition chimique de Sirius A est similaire à celle du Soleil, composée principalement d'hydrogène (environ 71 % en masse) et d'hélium (environ 27 % en masse), avec des traces d'autres substances lourdes, tels que l'oxygène, le carbone, le fer, l'azote et autres.

En termes de physique, Sirius A est une étoile A1V, avec une température de surface estimée à environ 9 940 Kelvin et une masse d'environ 2,02 masses solaires. Sa luminosité est environ 25 fois supérieure à celle du Soleil et son âge est estimé à environ 230 millions d'années. C'est une étoile très stable et se trouve dans la phase principale de son évolution stellaire, convertissant l'hydrogène en hélium dans son cœur par des réactions de fusion nucléaire.

Sirius B, l'étoile compagne du système binaire, est une naine blanche extrêmement dense et chaude, avec une masse d'environ 0,6 masse solaire et un rayon estimé à seulement 0,0085 fois le rayon du Soleil. La température de sa surface est d'environ 25 200 Kelvin, ce qui en fait l'une des étoiles les plus chaudes connues. On pense que Sirius B est le noyau exposé d'une étoile géante qui a perdu son atmosphère extérieure plus tôt dans son évolution. La distance orbitale entre les deux étoiles est d'environ 20 unités astronomiques (UA).

Composé de deux étoiles qui orbitent autour d'un centre de masse commun, en raison de la force gravitationnelle agissant entre elles, l'étoile principale, Sirius A, a une masse supérieure à l'étoile compagne, Sirius B, et donc le centre de masse du binaire Le système est le plus proche de Sirius A.

L'orbite de Sirius B autour de Sirius A est très petite par rapport à l'orbite de la Terre autour du Soleil. Selon les observations, la distance moyenne entre les deux étoiles est d'environ 20 unités astronomiques (UA) et la période orbitale est d'environ 50,1 ans. L'excentricité de l'orbite est très faible, ce qui signifie que la distance entre les étoiles ne varie pas beaucoup au cours de l'orbite.

L'interaction gravitationnelle entre les deux étoiles a des effets observables, comme un changement périodique de la position apparente de Sirius A dans le ciel, connu sous le nom de mouvement propre. De plus, l'orbite de Sirius B est inclinée par rapport à la ligne de visée de la Terre, provoquant des variations périodiques de la luminosité du binaire, appelées variations de vitesse radiale. Ces variations permettent de déterminer la masse et d'autres propriétés des étoiles dans le système binaire.

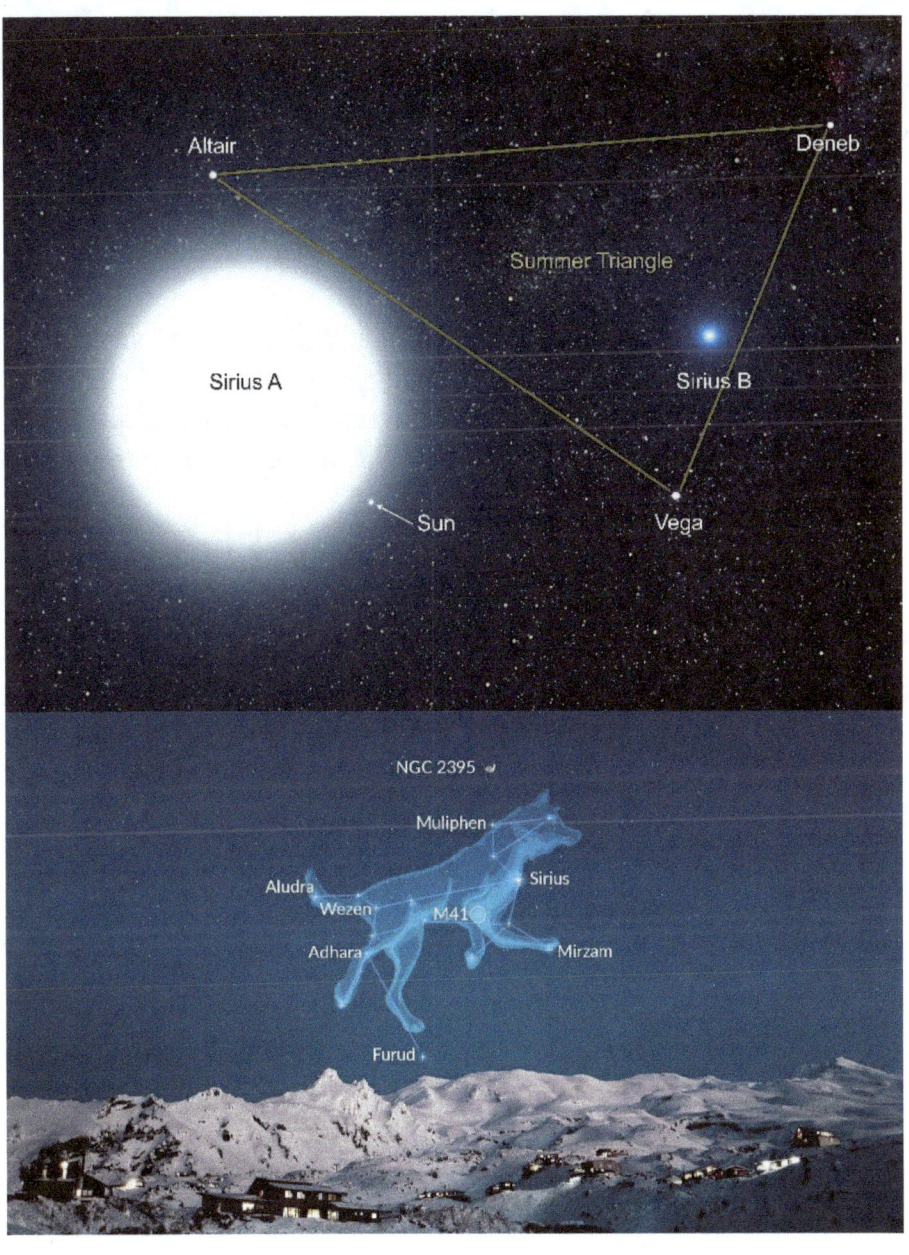

WR 104

L'étoile WR 104 est un système stellaire binaire situé dans la constellation du Sagittaire, à environ 8 000 années-lumière de la Terre. Elle est classée comme une étoile Wolf-Rayet, un type d'étoile extrêmement lumineuse et massive qui approche de la fin de sa vie.

Le système binaire se compose de deux étoiles qui orbitent autour d'un centre de masse commun. L'une des étoiles est une étoile Wolf-Rayet avec une masse d'environ 25 fois celle du Soleil, tandis que l'autre est une étoile plus petite mais plus massive avec une masse d'environ 10 fois celle du Soleil.

L'une des caractéristiques les plus intéressantes de WR 104 est la présence d'un nuage de poussière entourant les étoiles, qui aurait été éjecté du système plus tôt dans son évolution. On pense que ce nuage de poussière est en spirale ou en forme de sommet et pourrait être le précurseur d'une future explosion de supernova.

En raison de son emplacement dans la Voie lactée, WR 104 est fortement obscurci par la poussière interstellaire, ce qui le rend difficile à étudier. Cependant, nous continuons à observer le système en utilisant une variété de techniques, y compris des observations infrarouges et de rayons X, pour en savoir plus sur les propriétés et l'évolution des étoiles massives.

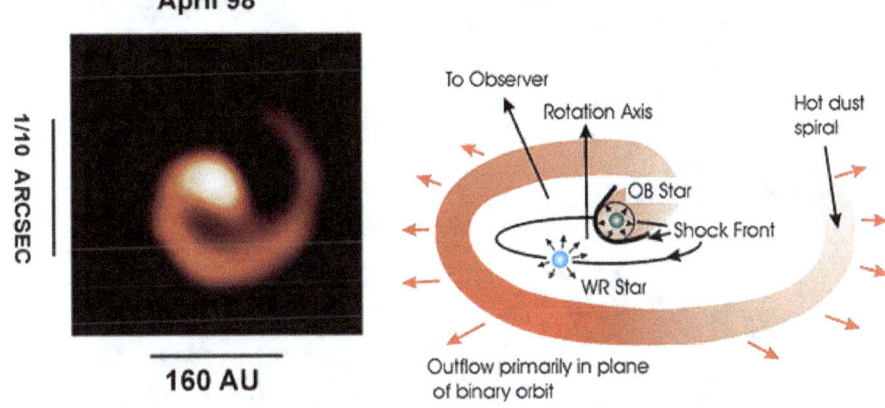

WR 104 at 2.27 Microns
April 98

Interacting Binary Wind Model
of Spiral Outflow Around WR 104

1/10 ARCSEC

160 AU

To Observer

Rotation Axis

Hot dust spiral

OB Star

Shock Front

WR Star

Outflow primarily in plane
of binary orbit

Il n'y a aucune preuve scientifique que WR 104 pose un risque direct pour la Terre. Bien qu'il s'agisse d'une étoile massive et instable, et qu'elle puisse éventuellement exploser en supernova, il est peu probable que les effets de l'explosion atteignent directement la Terre en raison de sa distance.

Cependant, une explosion de supernova à proximité peut avoir des effets collatéraux sur la Terre, tels que l'augmentation du rayonnement cosmique, provoquant des changements dans le climat et affectant la couche d'ozone. De plus, si le nuage de poussière autour de WR 104 pointait vers la Terre, il pourrait affecter l'atmosphère et éventuellement provoquer une pluie de météores.

Cependant, il est important de noter que le risque qu'une supernova se produise à WR 104 est considéré comme très faible, et même si c'est le cas, le risque qu'elle affecte de manière significative la Terre est considérablement réduit.

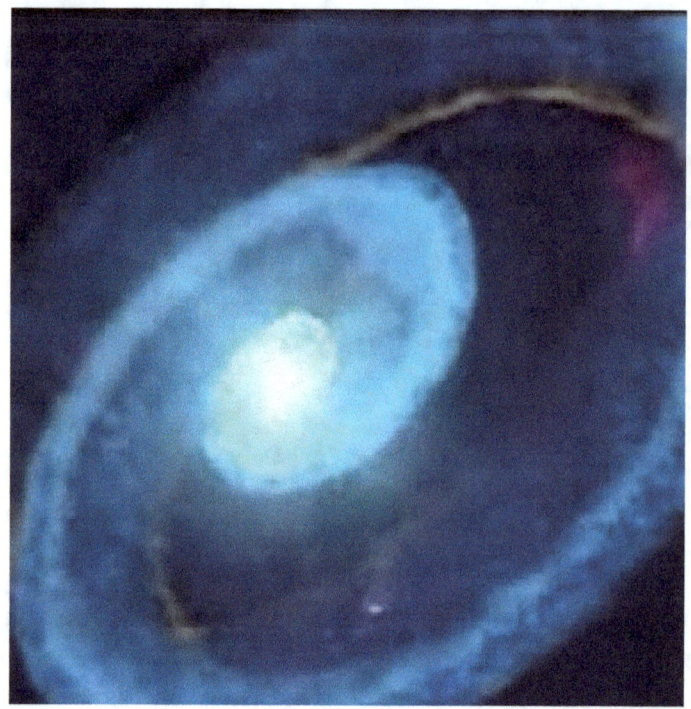

En tant qu'étoile extrêmement massive et chaude, avec une température de surface estimée de 50 000 à 60 000 degrés Celsius, elle a perdu la majeure partie de sa couche externe d'hydrogène et d'hélium à travers le vent stellaire fort, exposant les couches internes d'éléments supérieurs. lourd.

Des études spectroscopiques indiquent que WR 104 est riche en éléments lourds tels que le carbone, l'oxygène, l'azote, le silicium et le fer. De plus, l'analyse de la lumière émise par l'étoile suggère la présence d'autres éléments, tels que le néon, le magnésium, le soufre et l'argon.

L'étoile est également connue pour être entourée d'un nuage de poussière, contenant probablement des composés organiques et minéraux produits par les éléments lourds émis par l'étoile.

Son spectre montre la présence d'une variété d'éléments, et le nuage de poussière environnant contient des composés organiques et minéraux.

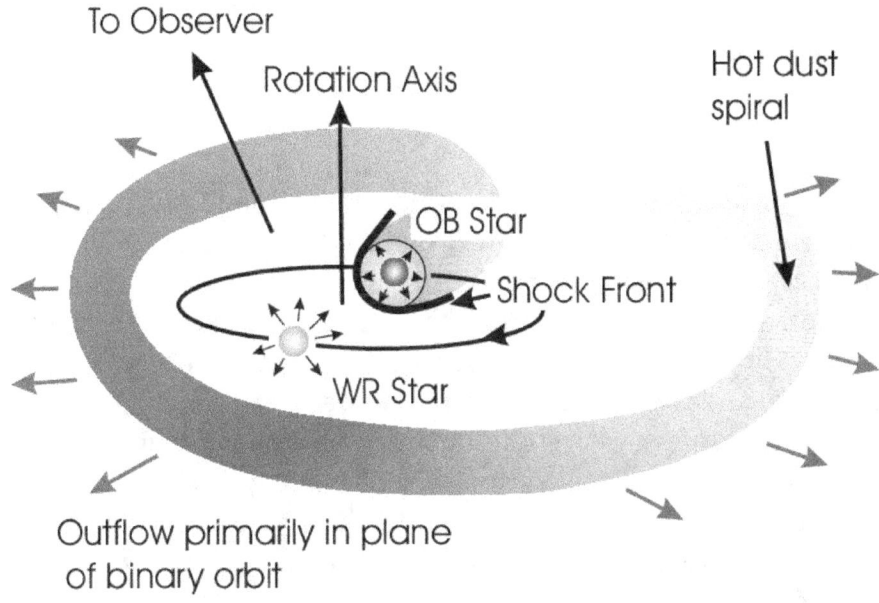

To Observer

Rotation Axis

Hot dust spiral

OB Star

Shock Front

WR Star

Outflow primarily in plane
of binary orbit

L'orbite de l'étoile WR 104 est complexe, puisque les deux étoiles sont très proches l'une de l'autre et s'influencent mutuellement par leur gravité. L'étoile la plus petite et la plus massive orbite autour de l'étoile Wolf-Rayet tous les 220 jours, tandis que la distance entre les deux étoiles varie entre 10 et 30 fois la distance moyenne entre la Terre et le Soleil.

De plus, l'inclinaison de l'orbite par rapport à la ligne de visée de la Terre est élevée, ce qui nous fait voir le système sous un angle incliné, ce qui rend difficile l'observation et l'analyse correcte de l'orbite.

ZETA ORIONIS-ALNITAK

Alnitak est une étoile supergéante bleue située dans la constellation d'Orion, à environ 800 années-lumière de la Terre. C'est l'une des étoiles les plus brillantes de la région d'Orion et est facilement visible à l'œil nu, populairement connue sous le nom de "Las Tres Marías". Il fait partie de la "ceinture d'Orion", une formation proéminente de trois étoiles dans le ciel nocturne. Alnitak est l'étoile la plus à l'est de la ceinture, tandis que les deux autres étoiles sont Alnilam (au centre) et Mintaka (à l'ouest). Alnitak a une masse estimée à environ 30 fois celle du Soleil et est une très jeune étoile, estimée à environ 6 millions d'années.

Alnitak a une masse estimée à environ 30 fois la masse du Soleil et un diamètre estimé à environ 20 fois le diamètre du Soleil. Cela signifie qu'Alnitak est une étoile supergéante bleue extrêmement grande et brillante d'une taille physique d'environ 40 millions de km. (environ 28 fois la distance entre la Terre et le Soleil) et une température de surface d'environ 28 000 degrés Celsius.

Alnilam est une étoile supergéante bleue située dans la constellation d'Orion, tout comme Alnitak et Mintaka. Il a une masse estimée à environ 30 fois la masse du Soleil et un diamètre estimé à environ 36 fois le diamètre du Soleil. Cela signifie qu'Alnilam est une étoile extrêmement grande, avec une taille physique d'environ 23 millions de kilomètres (environ 16 fois la distance qui les sépare et environ 31 000 degrés Celsius). Mintaka est l'étoile la plus à l'ouest de la ceinture d'Orion, tandis qu'Alnilam est l'étoile centrale de la ceinture et Alnitak est l'étoile la plus à l'est.

Alnitak, Alnilam et Mintaka sont toutes des étoiles supergéantes bleues ou géantes bleu-blanc, ce qui signifie qu'elles ont des compositions chimiques et physiques similaires. La composition chimique de ces étoiles est principalement déterminée par la fusion nucléaire qui se produit dans leurs noyaux, qui convertit l'hydrogène en hélium et produit une variété d'éléments plus lourds par d'autres réactions de fusion.

D'après des études spectroscopiques, nous savons que ces étoiles contiennent de l'hydrogène, de l'hélium et une multitude d'éléments plus lourds, notamment du carbone, de l'azote, de l'oxygène, du néon, du magnésium, du silicium et du fer. De plus, ces étoiles contiennent également de plus petites quantités d'autres éléments, tels que le sodium, l'aluminium, le calcium et le nickel.

En ce qui concerne leur structure physique, ces étoiles ont des noyaux denses et chauds où se produisent les réactions de fusion nucléaire qui génèrent l'énergie qu'elles rayonnent. Ces noyaux sont entourés de couches de gaz ionisé qui forment l'atmosphère des étoiles. La température et la pression dans ces couches diminuent à mesure que l'on s'éloigne du noyau, ce qui conduit à la formation de différentes zones aux propriétés physiques et chimiques différentes.

De plus, ces étoiles ont également de puissants champs magnétiques qui peuvent affecter leur atmosphère et produire des phénomènes tels que des vents stellaires, des éruptions solaires et d'autres activités magnétiques. En bref, les étoiles Alnitak, Alnilam et Mintaka sont des objets célestes complexes et fascinants qui continuent de défier notre compréhension scientifique à bien des égards.

Des étoiles aussi massives que celles-ci ont une durée de vie beaucoup plus courte que des étoiles plus petites comme le Soleil. Ils brûlent leur combustible nucléaire à un rythme beaucoup plus rapide, ce qui signifie qu'ils ont une durée de vie beaucoup plus courte.

On estime que les étoiles Alnitak, Alnilam et Mintaka ont entre 5 et 10 millions d'années. Cela peut sembler beaucoup, mais par rapport à l'âge de l'univers, qui est estimé à environ 13,8 milliards d'années, ils sont relativement jeunes. On estime que ces étoiles ont quelques centaines de milliers à quelques millions d'années avant d'épuiser leur combustible nucléaire et de s'effondrer pour devenir des étoiles à neutrons ou des trous noirs.

Constellation d'Orion, image qui représente l'origine, la symbologie et la mythologie.

Ces trois étoiles ne tournent pas l'une autour de l'autre, mais tournent autour du centre de la Voie lactée avec notre Soleil et des milliards d'autres étoiles. L'orbite de ces étoiles autour du centre de la Voie lactée est principalement influencée par la gravité de la galaxie et la répartition de la matière dans sa région.

La vitesse orbitale des étoiles dans la ceinture d'Orion peut être mesurée à partir de leur vitesse radiale, qui est la vitesse à laquelle elles se rapprochent ou s'éloignent de nous le long de la ligne de visée. A partir de ces mesures, nous estimons que les étoiles Alnitak, Alnilam et Mintaka se déplacent à une vitesse d'environ 20 à 30 kilomètres par seconde autour du centre de la Voie lactée, cela signifie qu'elles mettent environ 200 millions d'années pour effectuer une orbite autour de la Voie Lactée. galaxie.

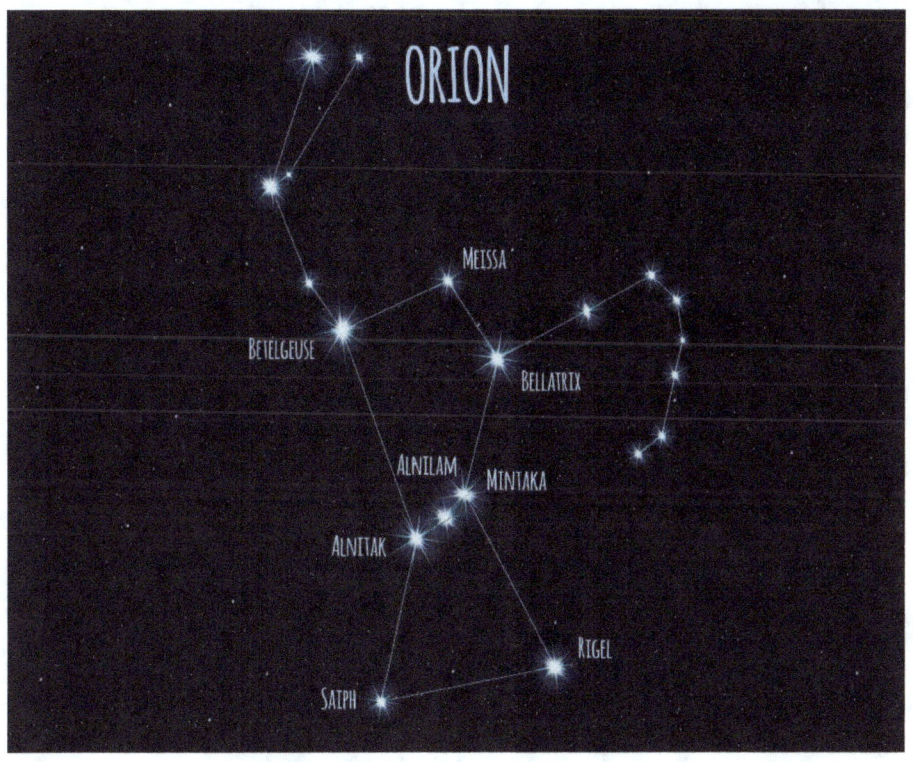

ALDEBARAN

Aldebaran est une étoile géante rouge de la constellation du Taureau. C'est l'étoile la plus brillante de la constellation et la 13e étoile la plus brillante du ciel nocturne, facilement reconnaissable à sa couleur rougeâtre et à sa position proéminente près de l'amas d'étoiles des Pléiades.

L'étoile a une magnitude apparente de 0,85 et une magnitude absolue de -0,63, ce qui signifie qu'elle est environ 425 fois plus brillante que le Soleil. Il se trouve à environ 65 années-lumière de la Terre et a une masse estimée à environ 1,7 masse solaire.

Aldebaran a été important pour diverses cultures à travers l'histoire, y compris les anciens Perses, qui croyaient que l'étoile était la pupille de l'œil céleste. Les Arabes l'appelaient "la suiveuse" parce qu'elle semblait suivre les Pléiades à travers le ciel nocturne.

L'étoile orbite autour du centre de la Voie lactée, tout comme le Soleil et les autres étoiles proches. Cependant, comme il est courant en astronomie, l'orbite d'Aldebaran est plus facilement décrite en termes de relation avec le système solaire, puisque c'est ce que nous observons depuis la Terre.

Aldebaran ne fait pas partie du système solaire, mais se trouve à environ 65 années-lumière de la Terre. Il se déplace dans l'espace à une vitesse moyenne d'environ 50 km/s par rapport au Soleil. Son orbite autour de la Voie lactée est beaucoup plus large et plus lente, prenant environ 625 millions d'années pour accomplir une seule révolution autour du Soleil. centre galactique. Il est connu pour avoir un partenaire binaire proche, bien que celui-ci soit beaucoup plus faible et plus difficile à observer. L'étoile compagne orbite autour d'Aldebaran avec une période d'environ 600 ans et se trouve à une distance moyenne d'environ 1 500 millions de kilomètres de l'étoile principale.

Sa température effective est d'environ 3 900 degrés Celsius, bien plus froide que la température du Soleil, qui est d'environ 5 500 degrés Celsius. En conséquence, Aldebaran émet la majeure partie de sa lumière dans la gamme infrarouge.

Chimiquement, il se compose principalement d'hydrogène et d'hélium, comme la plupart des étoiles. Cependant, il contient également des quantités importantes d'autres éléments tels que le carbone, l'oxygène et l'azote, ces éléments sont créés dans l'étoile par des réactions nucléaires qui se produisent dans son noyau et ses couches externes.

Au fur et à mesure qu'Aldebaran vieillit, il subit une série de transformations de sa structure interne, appauvrissant l'hydrogène dans son noyau et commençant à brûler de l'hélium, se dilatant et se refroidissant dans un processus connu sous le nom de géante rouge. Au fur et à mesure que l'hélium s'épuise, l'étoile continuera d'évoluer et de s'étendre davantage, perdant finalement ses couches externes et formant une nébuleuse planétaire.

Certains faits amusants sur ce corps céleste sont que dans la culture populaire occidentale moderne, Aldebaran est souvent cité dans les chansons, les films et les livres comme une référence poétique au ciel nocturne et à la nature cosmique de l'univers. Dans la série de science-fiction "Star Trek", Aldebaran est mentionné à plusieurs reprises comme un lieu important de la galaxie. Par exemple, l'équipage de l'USS Enterprise visite la planète Aldebaran III dans un épisode de la série originale, et a finalement été considéré dans la mythologie perse comme le « pupille de l'œil céleste » et l'une des quatre étoiles royales associées aux quatre articles. de la nature. Aldebaran représentait l'élément feu.

GAMME CRUCIS

L'étoile Gamma Crucis, également connue sous le nom de Gacrux, est l'une des étoiles les plus brillantes de la constellation de la Croix du Sud, située dans l'hémisphère céleste sud. C'est l'une des quatre étoiles qui composent le célèbre astérisme de la Croix du Sud, qui est l'un des symboles les plus emblématiques du ciel nocturne du sud.

Gacrux est une étoile géante rouge de classe M avec une température de surface d'environ 3 500 Kelvin. C'est une étoile variable de type LC, ce qui signifie que sa luminosité varie légèrement dans le temps. Sa magnitude apparente varie entre 1,59 et 1,66, ce qui la rend facilement visible à l'œil nu même dans les zones urbaines au ciel pollué.

Avec une masse estimée à environ 1,5 fois la masse du Soleil et un diamètre d'environ 120 fois le diamètre du Soleil, Gacrux est une très grande étoile. Sa luminosité est d'environ 1 500 fois celle du Soleil, ce qui en fait l'une des étoiles les plus brillantes de l'Univers.

Gacrux est relativement jeune, avec un âge estimé à environ 25 millions d'années. Bien qu'il soit relativement proche de la Terre en termes astronomiques, à une distance d'environ 88 années-lumière, on ne sait pas grand-chose de ses systèmes planétaires ou exoplanètes. Cependant, la découverte de planètes autour d'autres étoiles de classe M suggère que Gacrux pourrait avoir au moins un système planétaire en orbite autour d'elle.

Gacrux est une star importante pour le peuple indigène d'Australie, qui le connaît sous le nom de "Gnokan Danna" ou "Heaven's Gate Guardian". C'est l'une des étoiles les plus sacrées du ciel nocturne australien et joue un rôle important dans de nombreuses histoires et mythes aborigènes.

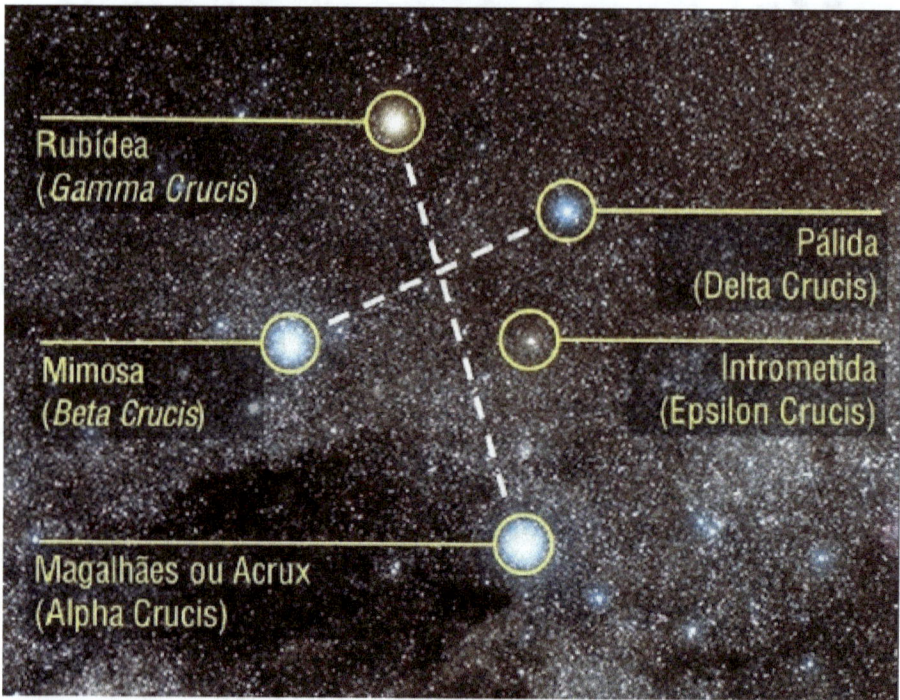

En ce qui concerne sa structure interne, Gacrux a un noyau qui est entouré d'une coquille d'hydrogène ionisé, suivie d'une coquille d'hélium ionisé, et enfin d'une coquille d'hydrogène neutre. L'enveloppe externe de l'étoile est composée principalement de gaz et de poussières, qui sont expulsés de sa surface au cours de l'évolution stellaire.

Gacrux est une étoile de faible masse, ce qui signifie que sa structure interne est différente de celle des étoiles plus massives. L'énergie est générée principalement par la fusion de l'hydrogène en hélium au cœur de l'étoile, et la convection est responsable du transport de cette énergie vers la surface. La convection est un processus dans lequel le gaz chaud monte à la surface de l'étoile, tandis que le gaz plus froid tombe vers le noyau.

En résumé, Gacrux est une étoile de classe M avec une composition chimique simple, composée principalement d'hydrogène et d'hélium. Sa structure interne est différente de celle des étoiles plus massives, avec une énergie générée principalement par la fusion de l'hydrogène en hélium dans le cœur et transportée à la surface par convection.

Gacrux orbite autour du centre de la Voie lactée, la galaxie spirale dans laquelle se trouve notre système solaire. Son orbite est déterminée par la gravité exercée par d'autres objets dans la galaxie, y compris les étoiles, les nuages de gaz et de poussière et la matière noire.

Selon les observations astronomiques, Gacrux a une vitesse radiale par rapport au Soleil d'environ -19,7 km/s, ce qui signifie qu'il s'éloigne de nous à cette vitesse. Sa vitesse spatiale est estimée à environ 22 km/s, indiquant qu'elle se déplace sur une orbite excentrique autour du centre de la Voie lactée.

La position de Gacrux dans le ciel change progressivement au fil du temps, en raison de son mouvement autour du centre de la galaxie. La trajectoire complète de l'étoile autour du centre de la Voie lactée prend environ 250 millions d'années, connue sous le nom de période orbitale.

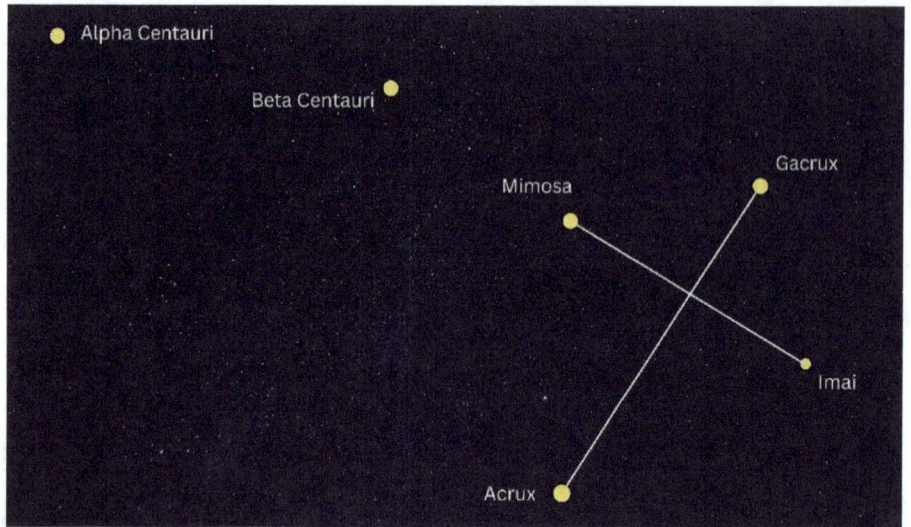

En raison de sa proximité relative, Gacrux est souvent utilisé comme référence pour mesurer les distances avec d'autres étoiles et objets célestes de la galaxie.

Un fait curieux est l'étude de cette étoile et d'autres proches, qui sont importantes pour comprendre la formation, l'évolution et la composition des étoiles de notre galaxie.

ETA CARINAE

Eta Carinae est une étoile située dans la constellation de Carina ou (Quilla), à environ 7 500 années-lumière de la Terre. C'est l'une des étoiles les plus brillantes du ciel nocturne et a fait l'objet d'études approfondies par les astronomes au fil des ans.

L'étoile Eta Carinae est classée comme une étoile variable bleue lumineuse et a été découverte en 1677 par l'astronome Edmond Halley. Depuis lors, sa luminosité a fluctué et en 1843, elle a connu l'une des plus grandes explosions stellaires jamais enregistrées, devenant temporairement la deuxième étoile la plus brillante du ciel nocturne.

L'explosion stellaire de 1843 a libéré une énorme quantité d'énergie et créé deux énormes nuages de gaz, appelés Homunculus et Weigelt Haze, qui se sont étendus à des vitesses allant jusqu'à 1 500 km/s. L'Homunculus est une nébuleuse bipolaire en forme de sablier qui entoure l'étoile, tandis que la Weigelt Haze est une série d'anneaux concentriques qui l'entourent.

Depuis l'explosion, Eta Carinae a diminué en luminosité et en taille, mais reste une étoile massive et instable. On estime qu'il a une masse d'environ 100 fois celle du Soleil et une luminosité de plus de cinq millions de fois celle du Soleil. Sa température de surface est d'environ 25 000 degrés Celsius.

On pense qu'Eta Carinae approche de la fin de sa durée de vie et pourrait bientôt exploser en supernova. Bien que l'étoile soit à une distance de sécurité de la Terre, une explosion de cette ampleur pourrait affecter l'atmosphère terrestre et causer des dommages importants aux systèmes de communication.

Eta Carinae continue d'être une source d'étude importante avec des techniques d'observation avancées telles que les télescopes spatiaux et l'interférométrie pour étudier sa structure et son comportement. Nous avons besoin de plus de données pour comprendre cette étoile, qui continue de défier la compréhension des scientifiques de la nature de l'univers.

Crédits image : NASA

La composition chimique de cette étoile est complexe et n'est pas encore entièrement comprise par les scientifiques. Cependant, des études spectroscopiques suggèrent qu'Eta Carinae est une étoile riche en éléments lourds tels que le carbone, l'azote, l'oxygène et le fer, indiquant qu'elle a déjà traversé plusieurs étapes de fusion nucléaire en son cœur.

De plus, l'étoile est connue pour avoir une forte proportion d'hélium dans son atmosphère, suggérant qu'il s'agit d'une jeune étoile qui n'a pas encore eu le temps de convertir tout l'hélium en éléments plus lourds par des processus de fusion nucléaire. Cette forte proportion d'hélium pourrait également être un signe qu'Eta Carinae est une étoile qui s'est formée à partir de gaz primordial à faible teneur en métal.

D'autres éléments détectés dans l'atmosphère d'Eta Carinae comprennent le silicium, le magnésium, le soufre et l'argon. Cependant, l'abondance relative de ces éléments n'est pas encore entièrement connue.

Crédits image : NASA

Eta Carinae n'a pas d'orbite au sens traditionnel du terme,

puisqu'il s'agit d'une étoile unique et non d'un système binaire ou multiple. Cependant, l'étoile est connue pour présenter des variations dans sa luminosité et d'autres propriétés, qui peuvent s'expliquer par des cycles d'activité stellaire, y compris des oscillations dans sa structure interne et des éruptions périodiques.

De plus, l'étoile se trouve au bord intérieur d'une grande région de formation d'étoiles appelée la nébuleuse Carina, qui contient plusieurs étoiles jeunes et massives. L'interaction gravitationnelle entre ces étoiles peut jouer un rôle important dans l'évolution d'Eta Carinae et son activité stellaire.

Bien qu'elle n'ait pas d'orbite définie, la position d'Eta Carinae dans le ciel est connue avec précision et est souvent utilisée comme point de référence pour la navigation astronomique. L'étoile est située dans la constellation de la Carène et peut être vue à l'œil nu dans de bonnes conditions d'observation.

Cependant, des études plus récentes indiquent queêtre unsystème stellaire binairetrès proches l'un de l'autre. la petite étoilediamètreest la plus chaude (30 000 °C) et l'autre avec trois fois ladiamètreil fait plus froid (15 000 °C) mais deux fois plus lumineux. Cesystème stellaireest enveloppé d'un épaisnuagedansdes gazEstpoussière, qui forme une nébuleuse 400 fois plus grande que laSystème solaire, connu comme leNébuleuse Eta Carinae(ou NGC3372). La perte de luminosité est peut-être due à une conséquence du rapprochement entre les deux étoiles, lapériastre, à quel point la plus petite étoile couvre presque la moitié de la plus grande. La diminution de la luminosité équivaut à 20 fois celle deSoleil, mais brillant comme 4 à 5 millions de soleils. La période de rotation des étoiles (l'une par rapport à l'autre) est de 5,5 ans.

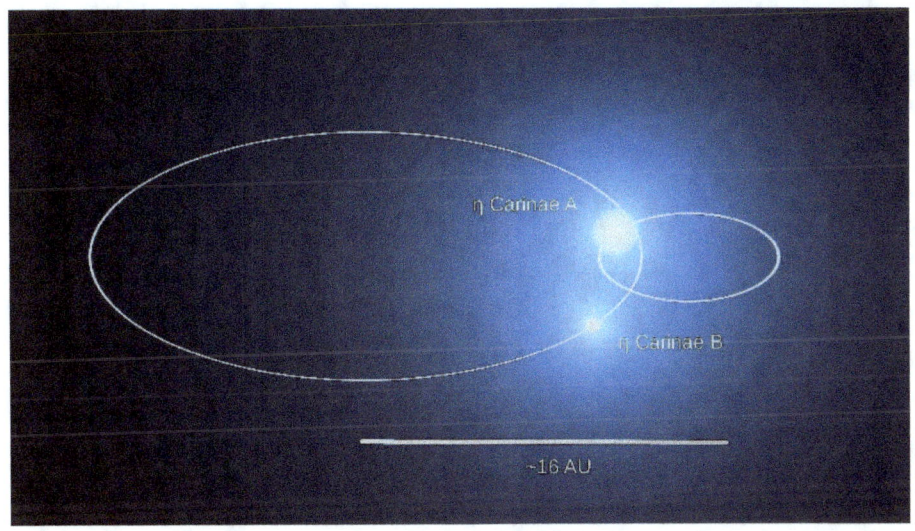

L'astronome brésilien Augusto Damineli, professeur à l'IAG-USP, fait partie de ceux qui affirment que l'étoile est une variable car tous les cinq ans et demi, selon lui, il y a une diminution de sa luminosité, puisque d'autres astronomes ne l'ont pas fait. accepte-le. cette théorie, dans le Cependant, en 1997, il y avait une nouvelle réduction de la luminosité, le phénomène a été confirmé. En 2003, grâce aux enregistrements de plus de 50 spécialistes appuyés par des observations au moyen de télescopes terrestres et orbitaux, il a finalement été confirmé qu'il s'agissait bien d'une autre étoile variable de type SDOR - Binary High Luminosity Stars, avec des variations entre 1 à 7 magnitudes, associée et enveloppée dans un matériau en expansion typique des nébuleuses.

Les très grandes étoiles comme Eta Carinae manquent très rapidement de carburant en raison de leur luminosité disproportionnée. Eta Carinae devrait exploser en supernova ou en hypernova dans les prochains millions d'années.

Et enfin, etdes études suggèrent qu'Eta Carinae tourne très lentement, avec une période de rotation estimée à environ 5,5 ans. Cependant, cette estimation est basée sur des mesures indirectes et peut être sujette à des incertitudes importantes. De plus, étant une étoile variable et instable, il est difficile de calculer sa rotation avec précision.

BÉTELGEUSE–
APHA ORIONIS

C'est l'une des étoiles les plus célèbres et facilement reconnaissables du ciel nocturne. Située dans la constellation d'Orion, c'est la deuxième étoile la plus brillante de cette constellation, juste derrière Rigel. Cependant, c'est l'une des étoiles les plus brillantes du ciel nocturne et elle est environ 100 000 fois plus lumineuse que le Soleil.

L'une des caractéristiques les plus remarquables de Bételgeuse est sa taille. On estime qu'il a un diamètre d'environ 1 000 fois celui du Soleil, ce qui en fait l'une des plus grandes étoiles connues. Si elle était placée au centre de notre système solaire, son atmosphère s'étendrait au-delà de l'orbite de Jupiter.

Une autre caractéristique qui la rend intéressante est qu'il s'agit d'une étoile variable, ce qui signifie que sa luminosité change avec le temps, en raison de sa magnitude, ces changements peuvent être facilement détectés à l'œil nu. En moyenne, il faut environ 420 jours à l'étoile pour terminer un cycle complet de luminosité. La variation de luminosité est causée par la pulsation de l'étoile, qui provoque des changements dans sa température et sa luminosité.

Il a récemment attiré l'attention des médias en raison de spéculations sur sa possible explosion dans une supernova. Bételgeuse est en fin de vie et devrait éventuellement exploser en supernova. Cependant, il n'y a aucune certitude quand cela se produira. Certaines études ont suggéré que l'étoile pourrait exploser à tout moment, tandis que d'autres affirment qu'il lui reste encore des milliers d'années avant d'exploser.

Quel que soit le moment où l'étoile explose, sa mort sera un événement important pour l'astronomie. L'explosion sera visible depuis la Terre et pourra être vue même pendant la journée, selon la façon dont la lumière est diffusée dans l'atmosphère. De plus, la supernova produira une quantité incroyable d'énergie et de matière, qui pourra être étudiée par les astronomes pendant de nombreuses années.

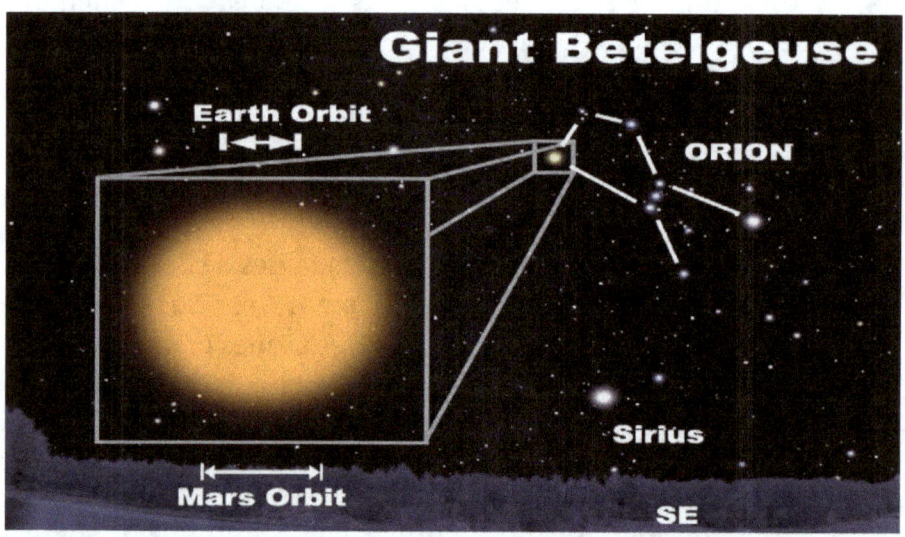

Bételgeuse est une très grande étoile lumineuse et froide classée comme une supergéante rouge de type spectral M1-2 Ia-ab. La lettre "M" indique qu'il s'agit d'une étoile rouge appartenant à la classe spectrale M, c'est pourquoi elle a une faible température de surface ; le suffixe "Ia-ab" est la classe de luminosité de l'étoile et indique qu'elle est intermédiaire entre une supergéante de luminosité normale et une supergéante de haute luminosité. La principale caractéristique du spectre visuel des étoiles de ce type est la présence de bandes d'absorption d'oxyde de titane (II) (TiO) dans la région verte du spectre, indiquant une température de surface basse. La faible intensité de la raie neutre du calcium à 4227 Å est le principal indicateur d'une forte luminosité. Depuis l'introduction du système de notation MKK en 1943,

Les supergéantes rouges comme Bételgeuse sont des étoiles massives qui ont déjà quitté la séquence principale et sont aux derniers stades de leur évolution. Ces étoiles brûlent rapidement leur combustible et ne vivent que quelques millions d'années. À l'origine une étoile de classe O de la séquence principale, Bételgeuse a déjà consommé tout l'hydrogène de son noyau, provoquant la contraction du noyau sous la force de gravité. Pour équilibrer le noyau plus chaud et plus dense, les couches externes se sont dilatées et refroidies. Bien que son statut évolutif exact soit inconnu, Bételgeuse fusionne très probablement de l'hélium pour générer du carbone et de l'oxygène dans le noyau, avec une coquille de fusion d'hydrogène entourant le noyau.

Représentation d'artiste de l'étoile et de sonnébuleuse

Les éléments les plus abondants dans l'atmosphère de Bételgeuse sont l'hydrogène et l'hélium, qui représentent respectivement environ 85% et 13% de la composition chimique. Les autres éléments présents sont principalement le carbone, l'oxygène, l'azote, le silicium, le soufre, le fer et le titane, entre autres.

On pense que l'étoile a évolué à partir d'une étoile très massive, qui a produit de nombreux éléments plus lourds par le biais de réactions nucléaires dans son noyau. Ces éléments plus lourds ont ensuite été transportés à la surface de l'étoile via des processus convectifs dans son atmosphère.

En ce qui concerne l'orbite, Bételgeuse n'orbite aucun objet spécifique. Au lieu de cela, c'est une étoile solitaire se déplaçant à travers la Voie lactée avec d'autres étoiles. Il se déplace sur une trajectoire relativement aléatoire, principalement affectée par les interactions gravitationnelles avec d'autres étoiles et objets massifs de la galaxie.

En termes de rotation, Bételgeuse a une rotation relativement lente, avec une période de rotation d'environ 8,4 ans. C'est étonnamment lent pour une étoile de sa masse et de sa taille, estimée à environ 20 fois la masse du Soleil et environ 1 000 fois la taille du Soleil. On pense que la rotation lente de Bételgeuse est due aux interactions entre la rotation et les couches externes de l'étoile, qui sont fortement convectives.

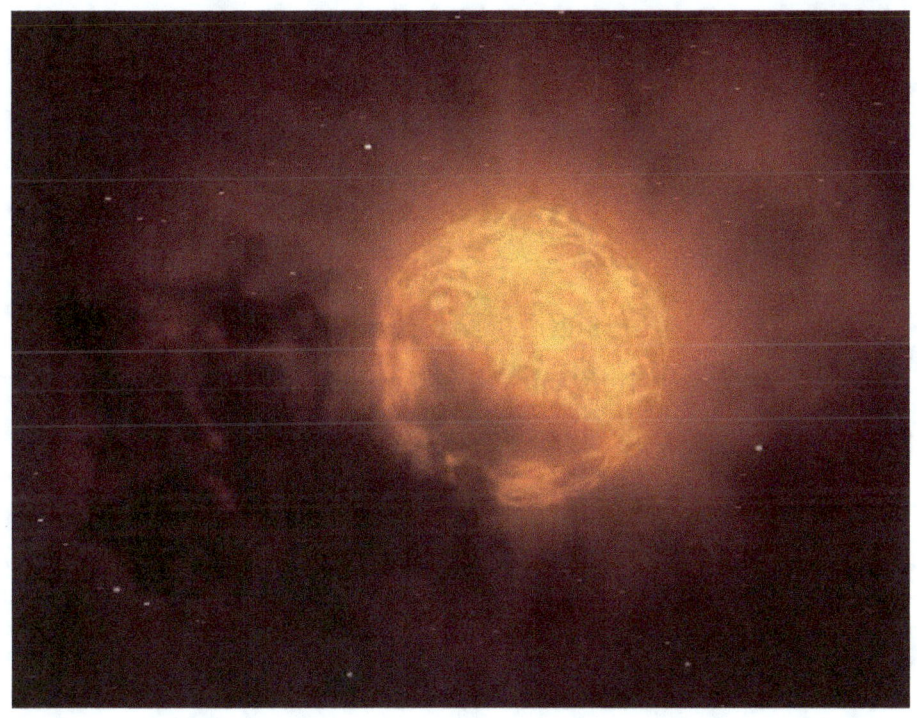

ANTARES

Antares est une étoile supergéante rouge située dans la constellation du Scorpion. Avec un diamètre estimé à environ 700 fois celui du Soleil, Antarès est l'une des plus grandes étoiles connues. Sa distance de la Terre est d'environ 550 années-lumière, ce qui en fait l'une des étoiles les plus brillantes du ciel nocturne.

Le nom "Antares" vient du grec ant-Ares, qui signifie "le rival de Mars". C'est parce que l'étoile a une teinte rougeâtre semblable à celle de la planète rouge.

Antares est une étoile très chaude, avec une température de surface d'environ 3 500 degrés Celsius, mais sa couleur rouge est le résultat de sa grande taille et de l'émission de lumière à des longueurs d'onde plus longues.

En plus de son apparence impressionnante, Antares est aussi une étoile assez complexe. Il est connu pour avoir un système stellaire binaire, ce qui signifie qu'il y a une autre étoile en orbite près d'elle, l'étoile compagne d'Antares est beaucoup plus petite et plus froide qu'elle ne l'est, et il faut environ 900 ans pour terminer une orbite autour de l'étoile majeure.

C'est une étoile évoluée, avec un âge estimé à environ 12 millions d'années, elle a déjà traversé la phase dans laquelle elle produit de l'énergie par la fusion nucléaire de l'hydrogène en hélium, et maintenant elle est dans la phase dans laquelle elle convertit le l'hélium en carbone et l'oxygène en son noyau. Cette évolution conduira éventuellement à la mort de l'étoile, mais comme Antarès est tellement plus grande que le Soleil, sa mort sera beaucoup plus dramatique.

À la fin de sa vie, Antares explosera en supernova, une explosion extrêmement puissante qui libérera une énorme quantité d'énergie et de matière dans l'espace. Cela peut créer un phénomène connu sous le nom de nébuleuse planétaire, qui est un nuage de gaz et de poussière illuminé par le rayonnement de l'étoile mourante. Bien qu'elle ne soit pas assez proche pour constituer une menace directe pour la Terre, l'explosion d'Antares serait certainement un spectacle impressionnant pour les observateurs astronomiques.

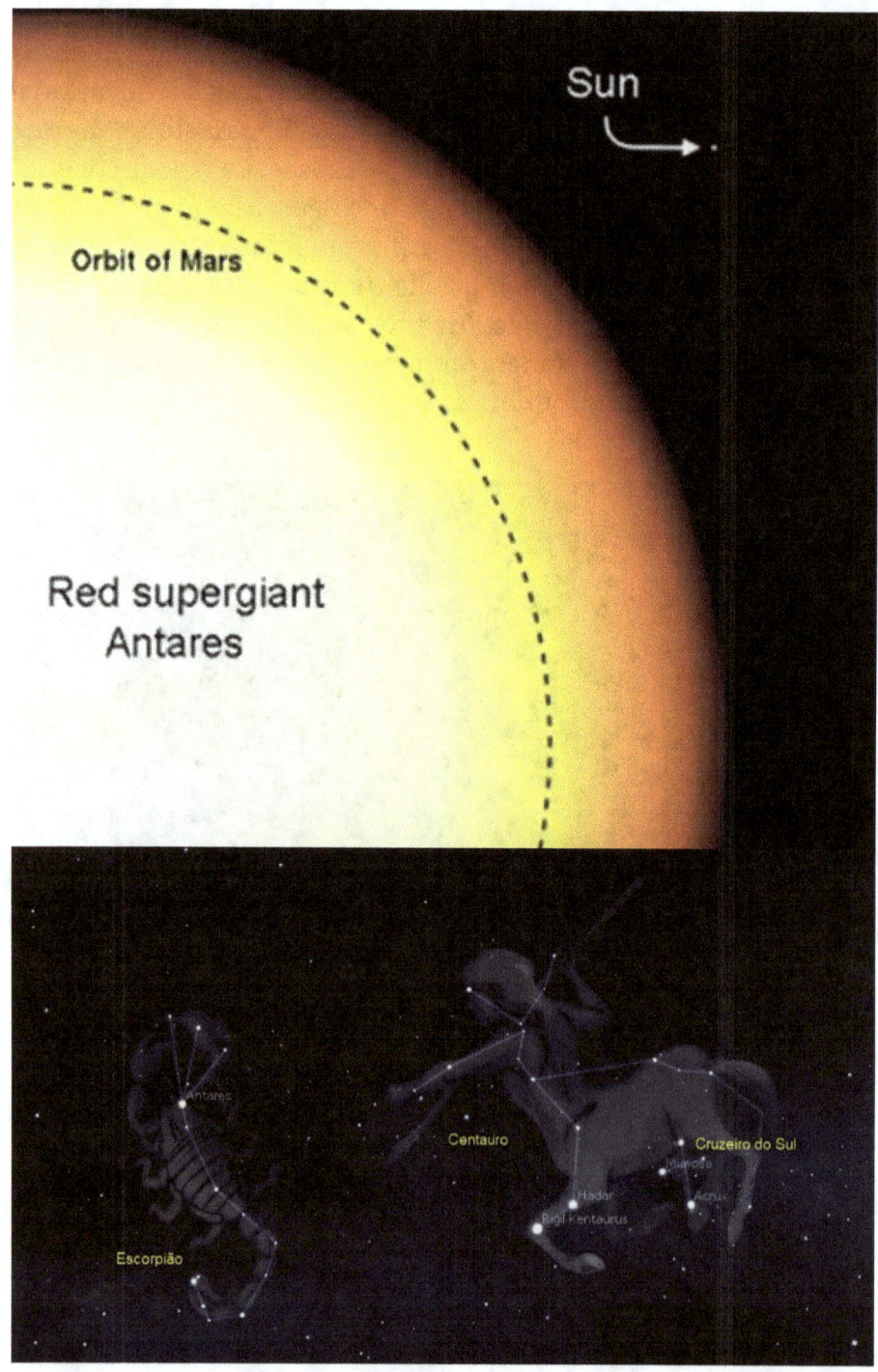

La composition chimique d'Antarès est assez similaire à celle des autres étoiles supergéantes, elle est composée principalement d'hydrogène et d'hélium, avec des traces d'éléments plus lourds.

L'étoile produit de l'énergie par fusion nucléaire, qui se produit au cœur de l'étoile. Lors de la fusion nucléaire, les noyaux des atomes fusionnent pour former de nouveaux noyaux, libérant ainsi une grande quantité d'énergie. La fusion nucléaire de l'hydrogène en hélium est la principale source d'énergie des étoiles, y compris Antares.

En plus de l'hydrogène et de l'hélium, Antares contient des traces d'autres éléments chimiques tels que le carbone, l'oxygène, l'azote et le fer. Ces éléments se forment lors de réactions nucléaires qui se produisent au sein de l'étoile au cours de son évolution.

La quantité d'éléments plus lourds dans Antares est relativement faible par rapport à la quantité d'hydrogène et d'hélium. C'est parce que les étoiles supergéantes comme Antarès sont très jeunes en termes cosmiques et n'ont pas encore eu assez de temps pour produire de grandes quantités d'éléments plus lourds par le biais de réactions nucléaires.

Cependant, même de petites quantités d'éléments plus lourds dans des étoiles comme Antares sont importantes pour la formation des planètes et la vie elle-même. La plupart des éléments chimiques trouvés sur Terre, y compris le carbone, l'oxygène et le fer, ont été formés dans des étoiles qui existaient avant notre Soleil. Lorsque ces étoiles ont explosé en supernovae, elles ont libéré ces éléments dans l'espace, qui se sont ensuite agglutinés pour former de nouvelles étoiles et planètes.

Espectro visível da luz

MU CEFEI

L'étoile Mu Cephei, également connue sous le nom d'étoile géante rouge ou simplement "Mu Cep", est l'une des étoiles les plus brillantes connues de la Voie lactée. Située dans la constellation de Céphée, à environ 2 300 années-lumière de la Terre, c'est l'une des étoiles les plus massives et lumineuses connues, avec une magnitude apparente d'environ 4,08.

Mu Cephei est une étoile de classe M, ce qui signifie qu'il s'agit d'une étoile géante rouge avec une température de surface relativement basse et une luminosité très élevée. C'est aussi une variable semi-irrégulière, ce qui signifie que sa luminosité varie avec le temps, bien qu'imprévisible. Sa magnitude varie entre 3,4 et 5,1, avec une période moyenne d'environ 730 jours.

L'étoile Mu Cephei a une masse estimée à environ 20 fois celle du Soleil et un rayon d'environ 1 500 fois celui du Soleil, ce qui en fait l'une des plus grandes étoiles connues. Sa température de surface est relativement basse, autour de 3 500 degrés Celsius, ce qui lui donne une couleur rouge. L'étoile a une luminosité d'environ 300 000 fois celle du Soleil, ce qui en fait l'une des étoiles les plus brillantes connues.

Mu Cephei est une étoile très jeune, avec un âge estimé à environ 10 millions d'années, ce qui est très jeune par rapport au Soleil, qui a environ 4,6 milliards d'années. L'étoile a une grande quantité de matière circumstellaire, indiquant qu'elle est dans une phase évolutive active. On pense que l'étoile finira par devenir une étoile nébuleuse planétaire, perdant ses couches externes dans un nuage de gaz et de poussière.

Sa grande masse et sa luminosité en font un exemple important pour comprendre l'évolution stellaire des étoiles extrêmement massives. De plus, l'étoile est une source importante de rayonnement infrarouge et est utilisée pour étudier la formation de poussière autour des étoiles géantes rouges.

La composition chimique de l'étoile Mu Cephei est bien étudiée par les astronomes et les astrophysiciens du monde entier, et est connue pour être très différente de la composition chimique du Soleil.

Les analyses spectroscopiques indiquent que l'étoile possède une très faible abondance d'éléments plus lourds que l'hélium, appelés "métaux" en astronomie. Le rapport du fer à l'hydrogène, par exemple, n'est que d'environ 0,06 % du rapport solaire. Cela suggère que l'étoile Mu Cephei est une deuxième étoile de population, qui s'est formée à partir de très vieux gaz pauvres en métaux.

Cette étoile a un excès de carbone sur l'oxygène, ce qui suggère que l'étoile a subi un mélange convectif profond à un moment donné de son évolution. Ce processus peut s'être produit lorsque l'étoile a fusionné de l'hélium avec du carbone et de l'oxygène dans son noyau, puis a transporté ces éléments vers les couches de surface de l'étoile.

D'autres éléments chimiques détectés dans l'étoile comprennent l'hydrogène, l'hélium, le lithium, le carbone, l'oxygène, l'azote, le sodium, le magnésium, l'aluminium, le silicium, le soufre, le calcium, le titane et le fer. La composition chimique de l'étoile Mu Cephei est importante pour comprendre l'évolution stellaire des étoiles de la seconde population et pour la comparer avec la composition chimique d'autres étoiles de la Voie lactée.

L'orbite de l'étoile Mu Cephei n'est pas bien connue, car c'est une étoile solitaire et n'a pas de compagnon stellaire connu. Cependant, des études peuvent estimer la vitesse radiale de l'étoile, qui est la vitesse à laquelle elle s'éloigne ou se rapproche de la Terre, sur la base du décalage Doppler des raies spectrales de son spectre. Cela peut fournir des informations sur la vitesse orbitale moyenne de l'étoile par rapport au centre de la Voie lactée.

La vitesse radiale de l'étoile Mu Cephei est relativement faible, environ 14,5 km/s par rapport au Soleil. Cela suggère que l'étoile orbite autour du centre de la Voie lactée sur une orbite relativement circulaire, puisque les étoiles avec des orbites plus elliptiques ont généralement des vitesses radiales plus variables.

Quant à la rotation de l'étoile Mu Cephei, les astronomes pensent que l'étoile a probablement une rotation très lente, puisque les étoiles géantes rouges ont généralement des rotations très lentes en raison de l'expansion de leurs couches externes. La rotation de l'étoile peut être estimée à partir de la largeur des raies spectrales de son spectre, qui sont plus larges dans les étoiles à rotation la plus rapide. Cependant, ces raies spectrales dans les étoiles géantes rouges sont souvent très larges en raison de la faible température de surface de l'étoile, ce qui rend difficile la mesure précise de la rotation de l'étoile.

VY CANIS MAJORIS

L'étoile VY Canis Majoris est l'une des étoiles les plus fascinantes et énigmatiques jamais découvertes. Située dans la constellation du Grand Chien, à environ 1,2 KPC (Kiloparsecs) de la Terre, cette étoile est l'une des plus grandes et des plus lumineuses connues de l'homme. Dans ce chapitre, nous explorerons les caractéristiques, l'histoire de la découverte et les mystères entourant VY Canis Majoris.

Découverte et caractéristiques du VY Canis Majoris ;

VY Canis Majoris a été découvert en 1801 par Jérôme Lalande, un astronome français, lors d'une étude des étoiles. À cette époque, Lalande classait l'étoile comme la vingt-deuxième plus brillante de la constellation du Grand Chien.

On sait aujourd'hui que VY Canis Majoris est une étoile variable rouge supergéante qui entre dans une phase avancée de son évolution stellaire. Elle est classée comme une étoile de type spectral M et a une masse estimée à environ 20 fois celle du Soleil.

Le diamètre de VY Canis Majoris est énorme, environ 2 000 fois celui du Soleil. S'il était au centre de notre système solaire, son rayon s'étendrait jusqu'à l'orbite de Jupiter. Son volume est égal à environ 5 milliards de fois le volume du Soleil. Pour avoir une idée de la magnitude de cette étoile, si VY Canis Majoris était placé dans notre système solaire, la distance entre elle et la Terre ne serait que la moitié de la distance entre le Soleil et Pluton.

VY Canis Majoris est également l'une des étoiles les plus lumineuses de l'univers connu, émettant une énergie lumineuse environ 500 000 fois supérieure à celle du Soleil. Cependant, cette énorme luminosité est émise principalement dans l'infrarouge, ce qui signifie que l'étoile est plus sombre. dans le spectre visible.

Mystères et curiosités sur VY Canis Majoris

VY Canis Majoris est une étoile si grande et si complexe que les scientifiques ne comprennent toujours pas entièrement son fonctionnement. L'une des grandes questions est de savoir comment une si grande étoile parvient à rester stable, puisque l'attraction gravitationnelle de l'étoile devrait être si forte qu'elle s'effondrerait sur elle-même. De plus, l'étoile émet une énorme quantité de matière, y compris de la poussière et du gaz, ce qui soulève des questions sur la façon dont cela est possible dans une étoile aussi massive.

Une autre curiosité à propos de VY Canis Majoris est qu'il s'agit d'une étoile variable, ce qui signifie que sa luminosité change avec le temps, à certaines occasions, l'étoile est devenue plus brillante que toute autre étoile connue, tandis qu'à d'autres, elle s'est estompée, ce qui la rend presque invisible. . .

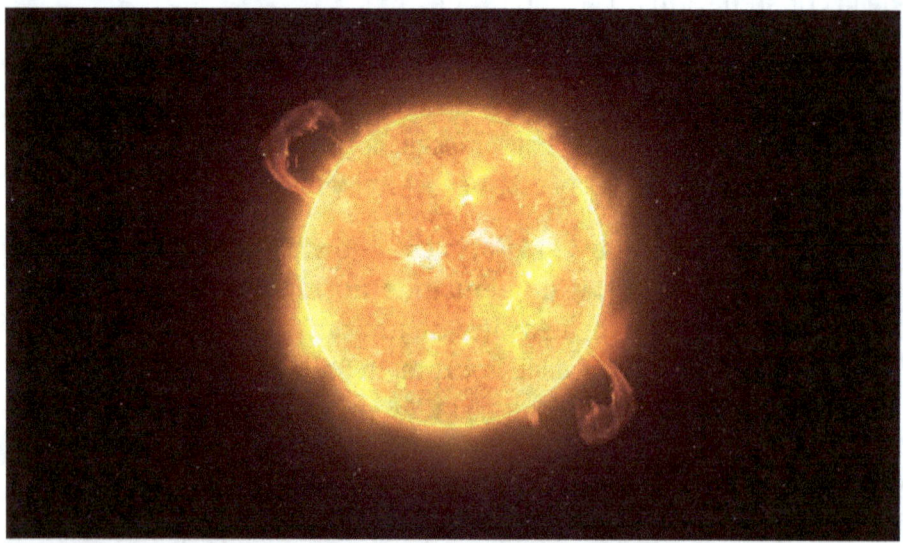

Une autre curiosité intéressante à propos de VY Canis Majoris est qu'il émet une grande quantité de matière, entre poussière et gaz, qui se répand dans l'espace qui l'entoure. Les astronomes pensent que ce matériau est le résultat d'une activité stellaire intense à la surface de l'étoile et qu'il subit une phase de perte de masse intense.

L'orbite de VY Canis Majoris est quelque peu difficile à définir, car l'étoile est solitaire et n'a pas de compagnon stellaire proche. Cependant, les scientifiques ont pu déterminer qu'elle se dirigeait vers le centre de la Voie lactée, notre galaxie, à une vitesse d'environ 22 km/s. De plus, elle est considérée comme une étoile à grande vitesse, ce qui signifie qu'elle se déplace par rapport à notre système solaire à une vitesse bien supérieure à la moyenne des étoiles de la galaxie.

En ce qui concerne la rotation de VY Canis Majoris, il est important de noter que les étoiles supergéantes rouges tournent très lentement par rapport aux étoiles plus petites et plus jeunes. En effet, ces étoiles ont une atmosphère très expansée, ce qui signifie que la surface de l'étoile est très éloignée du noyau, là où la rotation a lieu. De plus, la rotation d'une étoile aussi massive serait très difficile à mesurer précisément avec les techniques d'observation actuelles.

Cependant, certaines études ont indiqué qu'il peut tourner lentement autour de son axe. Une étude de 2015, par exemple, a suggéré que l'étoile pourrait tourner à une vitesse de seulement 1 km/s, ce qui est extrêmement lent par rapport à la vitesse de rotation du Soleil, qui est d'environ 2 km/s.

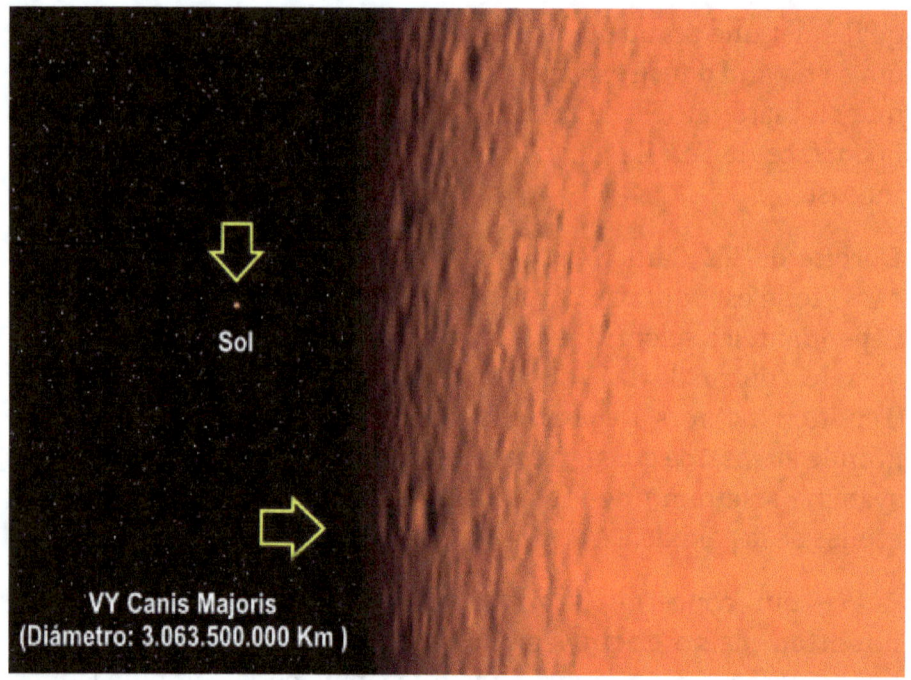

La composition chimique de VY Canis Majoris est similaire à celle des autres étoiles supergéantes rouges, avec un mélange d'éléments légers tels que l'hydrogène et l'hélium et d'éléments plus lourds tels que le carbone, l'oxygène et le fer. Cependant, en raison de sa taille, l'étoile contient également des éléments relativement rares dans d'autres étoiles, comme le technétium et le lithium.

De plus, VY Canis Majoris est connue pour être une étoile variable, ce qui signifie que sa luminosité et sa température de surface fluctuent dans le temps. Cela peut affecter la composition chimique de l'étoile, car les réactions nucléaires qui ont lieu dans son noyau peuvent être différentes à des moments différents. En fait, certaines études suggèrent que VY Canis Majoris pourrait subir un processus de fusion d'éléments plus lourds en son cœur, ce qui pourrait conduire à une production significative d'éléments encore plus lourds.

En ce qui concerne la physique de VY Canis Majoris, c'est une très grande étoile, avec un rayon estimé à environ 1 800 fois le rayon du Soleil, en raison de cette magnitude, l'étoile a une gravité de surface très faible, ce qui permet à son atmosphère de se dilater. bien au-delà du noyau de l'étoile. Cette atmosphère expansée est responsable de bon nombre des caractéristiques observées de l'étoile, telles que sa faible température de surface et son haut niveau de luminosité.

RW CEFEI

L'étoile RW Cephei, également connue sous le nom de V712 Cephei, est une étoile variable située dans la constellation de Céphée. C'est l'une des étoiles les plus lumineuses connues de la Voie lactée, avec une magnitude apparente allant de 5,7 à 11,5. L'étoile est classée comme une supergéante rouge et appartient à la classe spectrale M3-M5.

La première mention de RW Cephei a été faite en 1895 par l'astronome américain Edward Pickering, qui l'a inclus dans une liste d'étoiles variables. Depuis lors, l'étoile a été largement étudiée et surveillée par des astrophysiciens et des astronomes du monde entier.

La principale caractéristique qui rend RW Cephei si intéressant est sa variabilité. Son ampleur apparente varie de façon irrégulière sur des périodes qui peuvent durer de quelques jours à quelques décennies. Les cycles de variation à court terme (d'une durée de quelques jours à quelques semaines) sont causés par des impulsions d'expansion et de contraction de l'étoile, tandis que les cycles à long terme (d'une durée de plusieurs décennies) peuvent être causés par des changements dans la structure interne de l'étoile. ou par l'influence d'une étoile compagne.

En plus de la variabilité, d'autres caractéristiques intéressantes de RW Cephei incluent sa masse, son rayon et sa température. Des estimations récentes suggèrent que la masse de l'étoile est d'environ 25 fois celle du Soleil, tandis que son rayon est d'environ 1 200 fois celui du Soleil. Cela signifie que si l'étoile était placée à la place du Soleil, elle s'étendrait au-delà de l'orbite du Soleil. La température de Jupiter est relativement basse pour une étoile aussi massive, avec une température effective d'environ 3 500 K.

L'étoile est également connue pour être une source d'émission radio. Les émissions radio sont causées par l'accélération des électrons dans les champs magnétiques de l'atmosphère de l'étoile. Des études récentes suggèrent que RW Cephei pourrait générer une source d'émission de rayons X, probablement en raison d'une interaction avec une étoile compagne.

En termes d'évolution stellaire, RW Cephei approche de la fin de sa vie. Les supergéantes rouges sont connues pour subir des explosions thermonucléaires, qui peuvent provoquer l'éjection de leur atmosphère extérieure et la formation de nébuleuses planétaires. Cependant, RW Cephei n'a pas encore montré de signes imminents d'une explosion thermonucléaire.

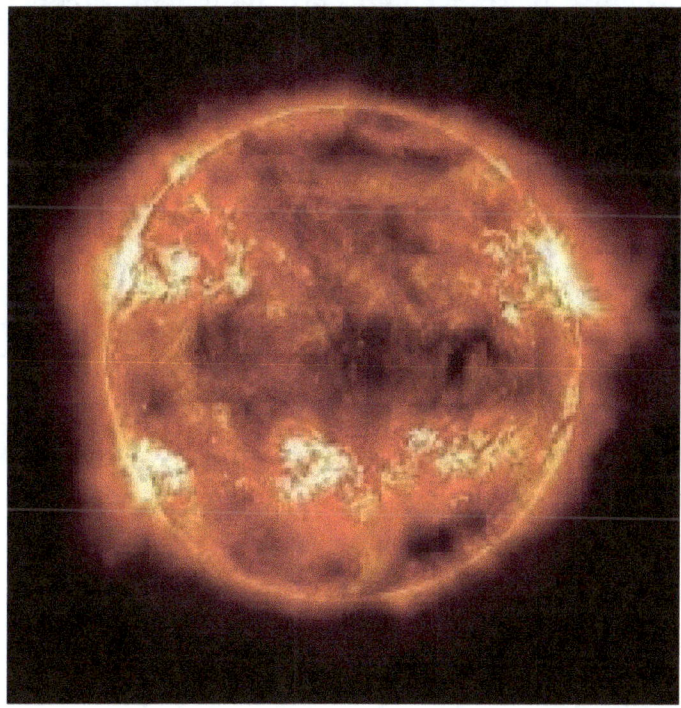

RW Cephei est situé à une distance d'environ 4 KPC (Kiloparcescs) de la Terre. Cette distance est très grande et rend difficile l'observation directe de l'étoile, mais les astronomes peuvent l'étudier à l'aide de télescopes et d'instruments sensibles, comme les télescopes spatiaux. Cette distance de la Terre est l'une des raisons pour lesquelles il reste encore beaucoup à découvrir sur cette étoile et d'autres supergéantes rouges. L'astronomie continue de développer de nouvelles technologies et techniques pour surmonter les défis liés à la distance et en apprendre davantage sur ces étoiles fascinantes et complexes.

En termes de composition chimique, RW Cephei est une étoile extrêmement riche en éléments lourds tels que le carbone, l'oxygène et les métaux. Ces éléments sont produits à l'intérieur de l'étoile par des réactions nucléaires qui se produisent à des températures et des pressions élevées.

Il est également connu pour avoir une grande quantité de poussière dans son atmosphère. Cette poussière est constituée de grains microscopiques de matériaux solides, tels que des silicates et du graphite, qui se forment dans les couches les plus externes de l'étoile. La présence de poussière peut affecter la façon dont l'étoile émet de la lumière et peut provoquer des variations de sa luminosité dans le temps.

De plus, RW Cephei est une étoile connue pour ses forts vents stellaires, ces vents sont formés par des particules chargées qui sont projetées à grande vitesse depuis la surface de l'étoile. Les vents stellaires sont responsables du transport de matière de l'étoile vers le milieu interstellaire, contribuant à la formation de nouvelles étoiles et planètes.

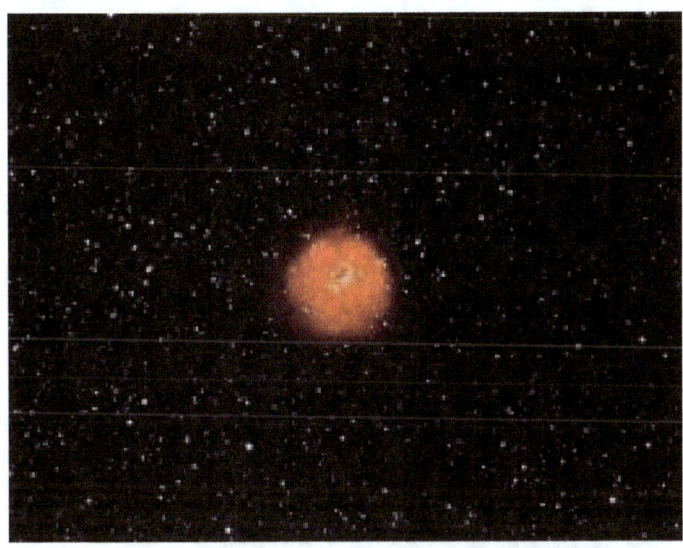

Comme il s'agit d'une étoile supergéante rouge solitaire, cela signifie qu'elle n'orbite pas autour d'autres étoiles. Il est situé dans la Voie lactée et se déplace sur une trajectoire autour du centre galactique avec d'autres étoiles.

La vitesse orbitale de RW Cephei est influencée par la distribution de masse dans la galaxie, y compris la masse de matière noire, que les astronomes ne connaissent pas encore.

En ce qui concerne la rotation, on sait que les supergéantes rouges ont un faible taux de rotation, c'est parce que ces étoiles ont une atmosphère très épaisse et dilatée, ce qui ralentit la rotation de l'étoile en raison des frottements entre elles. les couches externes de l'étoile et du milieu interstellaire. . De plus, la présence de champs magnétiques puissants peut encore affecter la rotation de l'étoile.

La rotation des étoiles est un paramètre important pour comprendre comment elles évoluent dans le temps, et le faible taux de rotation de RW Cephei est un facteur important à prendre en compte dans les études de son évolution et de son comportement. Des observations précises de la vitesse radiale de l'étoile peuvent être utilisées pour estimer sa vitesse de rotation, mais cela peut être difficile en raison de la complexité de l'atmosphère épaisse de l'étoile et des limites des techniques d'observation actuellement disponibles.

ÉTOILE POLAIRE (POLARIS, A UMI, A URSAE MINORIS, ALPHA URSAE MINORIS)

L'étoile polaire, également connue sous le nom d'étoile polaire ou polaire, est une étoile visible depuis l'hémisphère nord de la Terre qui joue un rôle clé dans la navigation et l'orientation astronomiques. Dans ce chapitre, nous discuterons en détail de l'étoile polaire, y compris son emplacement, son histoire, ses caractéristiques physiques et sa signification culturelle.

L'étoile polaire est une étoile de classe F7 située dans la constellation de la Petite Ourse. Elle est visible de n'importe où au nord de l'équateur et, en tant que telle, est une étoile de référence importante pour les navigateurs et les astronomes. La position de l'étoile polaire est assez stable, ce qui en fait un outil fiable pour déterminer la direction du nord. Cependant, l'étoile polaire n'est pas l'étoile la plus brillante du ciel nocturne, mais elle est relativement facile à identifier car c'est l'étoile la plus proche du point où toutes les lignes de longitude se rencontrent.

L'histoire de l'étoile polaire remonte à des milliers d'années. Dans la Grèce antique, l'étoile était connue sous le nom de "Phénice", signifiant "phénix", et était considérée comme un symbole de renouveau et de résurrection. Dans la mythologie nordique, l'étoile polaire était associée à une déesse nommée

Frigg, considérée comme la gardienne du ciel et des étoiles. Dans la culture chinoise, l'étoile polaire était connue sous le nom de « Zhen », qui signifie « le vrai nord », et était considérée comme un symbole d'orientation et de stabilité.

Les caractéristiques physiques de North Star sont également très intéressantes. C'est une étoile jaune-blanche, avec une magnitude apparente d'environ +2,0. En termes de taille, il est environ 6 fois plus grand que le Soleil et a une température de surface d'environ 6 000 degrés Celsius. Polar Star est également une étoile double, composée de deux étoiles plus petites qui orbitent l'une autour de l'autre.

L'étoile polaire est utilisée pour la navigation astronomique depuis des siècles. Tout au long de l'histoire, les gens ont utilisé l'étoile pour déterminer la direction du nord, facilitant la navigation terrestre et maritime. Avec l'invention de l'astrolabe et du sextant, l'étoile polaire est devenue encore plus utile pour la navigation.

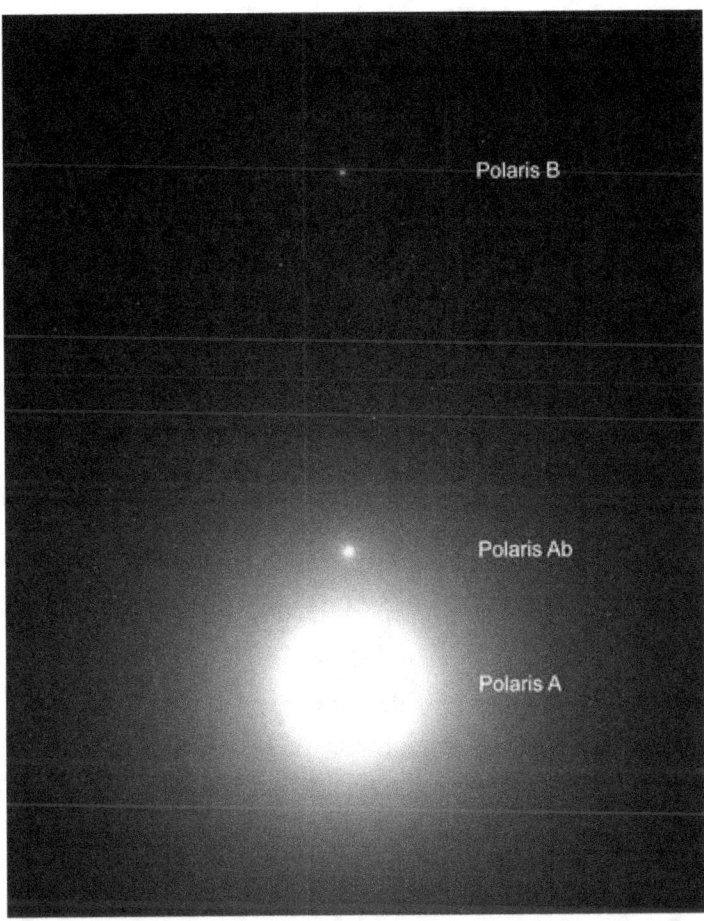

Des étoiles comme Polaris se forment à partir de nuages de gaz et de poussière interstellaires qui s'effondrent sous leur propre gravité. Lorsque le noyau de ce nuage devient suffisamment dense et chaud, il commence à fusionner l'hydrogène en hélium, déclenchant le processus de fusion nucléaire. Au cours de ce processus, de l'énergie est libérée et une série de réactions nucléaires se produisent, créant des éléments chimiques plus lourds.

La composition chimique de l'étoile polaire est déterminée par l'analyse spectrale de la lumière qu'elle émet. Cette technique consiste à diffuser la lumière de l'étoile dans un spectre de couleurs, qui peut être utilisé pour déterminer quels éléments chimiques sont présents dans l'étoile et en quelle quantité. Les éléments chimiques qui composent North Star comprennent l'hydrogène, l'hélium, le carbone, l'azote, l'oxygène, le néon, le magnésium, le silicium, le soufre, le fer, le nickel et d'autres éléments plus lourds.

L'hydrogène est l'élément le plus abondant dans l'étoile polaire, avec environ 71 % de sa masse totale. L'hélium est le deuxième élément le plus abondant, avec environ 27% de sa masse totale, les autres éléments chimiques sont présents en quantité beaucoup plus faible, avec moins de 1% de sa masse totale.

La composition chimique de l'étoile polaire est importante car elle nous aide à comprendre comment les étoiles évoluent. Au fur et à mesure qu'une étoile vieillit et épuise son combustible nucléaire, elle commence à fusionner des éléments plus lourds, créant ainsi de nouveaux éléments chimiques.

Ces éléments sont ensuite relâchés dans l'espace lorsque l'étoile explose en supernova, enrichissant le milieu interstellaire de nouveaux éléments chimiques. L'analyse de la composition chimique d'étoiles comme North Star nous aide à mieux comprendre comment les éléments chimiques sont créés et distribués dans l'univers.

Selon les mesures les plus récentes, North Star est située à environ 434 années-lumière de la Terre. Cela signifie que la lumière émise par l'étoile met environ 434 ans pour nous parvenir.

La détermination de la distance à l'étoile polaire a été réalisée par diverses techniques astronomiques. L'une des techniques les plus utilisées est la parallaxe stellaire.[6]. Grâce à cette technique, les astronomes ont pu mesurer la distance à North Star avec une précision d'environ 1%.

Concernant son orbite, l'étoile polaire est une étoile solitaire, c'est-à-dire qu'elle n'a pas de compagnons proches. Il orbite autour du centre de la Voie lactée, avec notre Soleil et des milliards d'autres étoiles. Son orbite prend environ 25,4 millions d'années pour se terminer et sa vitesse par rapport au centre de la galaxie est d'environ 19,5 km/s.

Concernant sa rotation, c'est une étoile à rotation lente, elle tourne autour de son propre axe en environ 25,4 jours, ce qui est relativement lent par rapport à d'autres étoiles similaires. Cette rotation lente peut s'expliquer par l'âge avancé de l'étoile, où elle est estimée à environ 70 millions d'années.

Il convient de mentionner que l'étoile polaire a sa position très proche du pôle nord céleste, qui est le point imaginaire du ciel autour duquel les étoiles semblent tourner en raison de la rotation de la Terre.

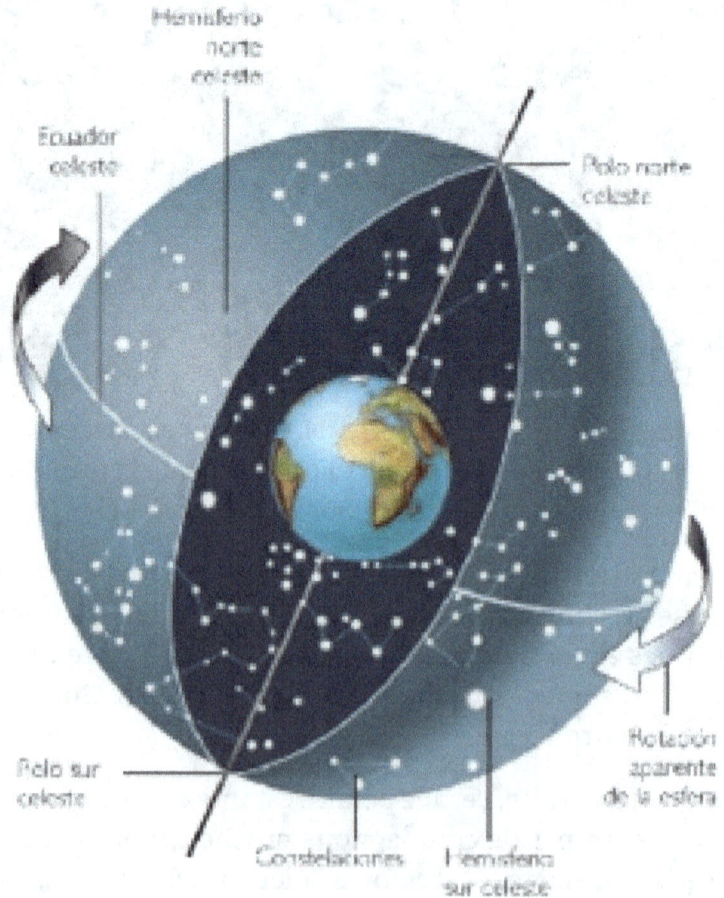

CYGNI NML-V1489 CIGNI

L'étoile NML Cygni est l'une des étoiles les plus grandes et les plus brillantes connues de l'homme. Située dans la constellation du Cygne, à environ 1,6 KLP (kiloparsecs) de la Terre, c'est une étoile supergéante rouge dont le rayon est estimé à environ 1 800 fois le rayon du Soleil.

Découvert en 1965 par une équipe d'astronomes dirigée par Neugebauer, Martz et Leighton, NML Cygni tire son nom des dernières initiales des découvreurs. Depuis, l'étoile a été étudiée par de nombreux astronomes en raison de sa taille et de sa luminosité exceptionnelles.

L'une des caractéristiques les plus remarquables de NML Cygni est sa luminosité. Il émet une énorme quantité d'énergie, équivalente à environ 500 000 fois la luminosité du Soleil. Cela en fait l'une des étoiles les plus brillantes visibles à l'œil nu. Sa température est également assez élevée, atteignant environ 3 300 degrés Celsius en surface.

De plus, NML Cygni est une étoile variable, ce qui signifie que sa luminosité et sa température changent avec le temps. Il passe par un cycle d'impulsions régulières, d'une durée d'environ 940 jours, qui peut influencer son évolution future.

Les astronomes pensent que cette étoile est dans les derniers stades de sa vie, ce qui signifie qu'elle manque de carburant en son cœur. Cela lui fait perdre de la masse, et on estime qu'il perd environ un millionième de masse solaire par an. Cette perte de masse est si importante que l'étoile pourrait éjecter un nuage de gaz autour d'elle, appelé l'enveloppe circumstellaire.

Cygni NML pourrait également avoir des implications importantes pour comprendre la formation et l'évolution des étoiles. Les astronomes étudient l'étoile pour essayer de comprendre comment les étoiles supergéantes se forment et évoluent, et comment des étoiles comme NML Cygni pourraient éventuellement exploser en supernovae.

La composition chimique de l'étoile n'est pas complètement connue, car il est difficile d'obtenir des informations précises sur ses couches internes. Cependant, à partir d'études spectroscopiques, les astronomes ont quelques informations sur les éléments présents dans l'atmosphère de l'étoile.
NML Cygni est classée comme une étoile supergéante rouge, ce qui signifie qu'elle est riche en hydrogène et en hélium, les éléments les plus abondants dans l'univers. De plus, d'autres éléments tels que le carbone, l'oxygène, l'azote, le fer et le silicium ont été détectés, bien qu'en quantités beaucoup plus faibles.

Les éléments les plus lourds, tels que le fer et le silicium, sont généralement produits au cœur des étoiles par des réactions nucléaires qui se produisent lors de la fusion nucléaire.

Cependant, dans les étoiles supergéantes comme NML Cygni, ces éléments peuvent être produits dans les couches externes de l'étoile par un processus appelé nucléosynthèse.[7]convectif

De plus, comme il est dans la phase finale de sa vie, il peut subir des processus d'enrichissement chimique, tels que la convection de matériaux plus lourds des couches internes vers les couches externes de l'étoile. Ces processus peuvent conduire à une variation de la composition chimique de l'étoile dans le temps.

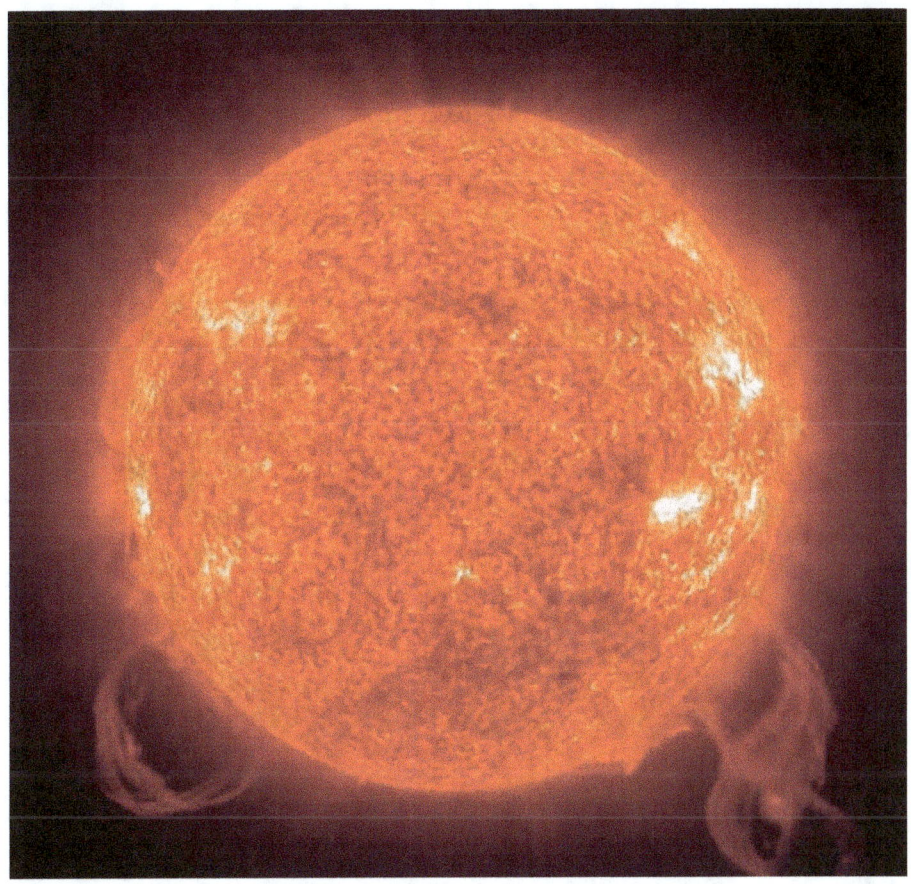

L'orbite de l'étoile n'est pas connue avec précision, car elle est très éloignée de la Terre et n'a pas de système stellaire connu. Par conséquent, il est difficile de déterminer son orbite par rapport à d'autres étoiles ou corps célestes.

Quant à la rotation, le NML Cygni est connu pour avoir une rotation très lente. En tant qu'étoile supergéante rouge, elle a un très grand diamètre et donc une plus longue période de rotation. Les estimations indiquent que la vitesse de rotation est inférieure à 5 km/s, beaucoup plus lente que la vitesse de rotation du Soleil, qui est d'environ 2 km/s à l'équateur.

Il est important de noter qu'en raison de sa masse et de sa

taille importantes, les forces gravitationnelles internes de NML Cygni peuvent également affecter sa rotation, provoquant un ralentissement de l'étoile au fil du temps.

Ces informations sont importantes pour comprendre l'évolution stellaire et le comportement des étoiles à différentes étapes de leur vie.

WESTERLAND 1-26

L'étoile Westerlund 1-26 est l'une des étoiles les plus intéressantes et mystérieuses connues des astronomes. Située dans la région centrale de la nébuleuse de la Carène, à une distance approximative de 3,52 klp (kiloparsecs) de la Terre, cette étoile supergéante rouge a suscité la curiosité des scientifiques du monde entier en raison de ses caractéristiques particulières.

Westerlund 1-26 a été découverte en 1961 par l'astronome suédois Bengt Westerlund, qui l'a identifiée comme une étoile très brillante et inhabituelle. Depuis, plusieurs études ont été menées pour mieux comprendre ses caractéristiques et ses propriétés.

L'une des principales caractéristiques du Westerlund 1-26 est sa taille. Avec un diamètre estimé à environ 1 500 fois celui du Soleil, c'est l'une des plus grandes étoiles connues, la classant comme une supergéante rouge. De plus, il est extrêmement lumineux, avec une magnitude apparente d'environ 12, ce qui le rend facilement visible à travers de puissants télescopes.

Une autre particularité de Westerlund 1-26 est sa température élevée. Des études indiquent que sa température de surface peut atteindre 20 000 degrés Celsius, ce qui en fait l'une des étoiles les plus chaudes connues. Cette température élevée est associée à sa luminosité, puisqu'elle émet une grande quantité d'énergie sous forme de rayonnement visible et ultraviolet.

De plus, Westerlund 1-26 est également une étoile instable, ce qui signifie que sa luminosité et sa température fluctuent dans le temps. Cette instabilité est liée à son âge, relativement jeune en termes astronomiques, autour de 3 millions d'années. Au cours de cette période, il a traversé plusieurs phases évolutives, telles que la fusion d'éléments plus lourds dans son noyau et l'expansion de son atmosphère.

Un autre aspect qui a attiré l'attention des astronomes est la possibilité que Westerlund 1-26 abrite une étoile à neutrons à l'intérieur. Cette hypothèse est basée sur des observations indiquant qu'il est entouré d'une nébuleuse en forme d'anneau, qui pourrait avoir été formée par une explosion de supernova. Si elle était confirmée, cette découverte serait d'une grande importance pour comprendre la physique des étoiles à neutrons et les processus de formation des étoiles en général.

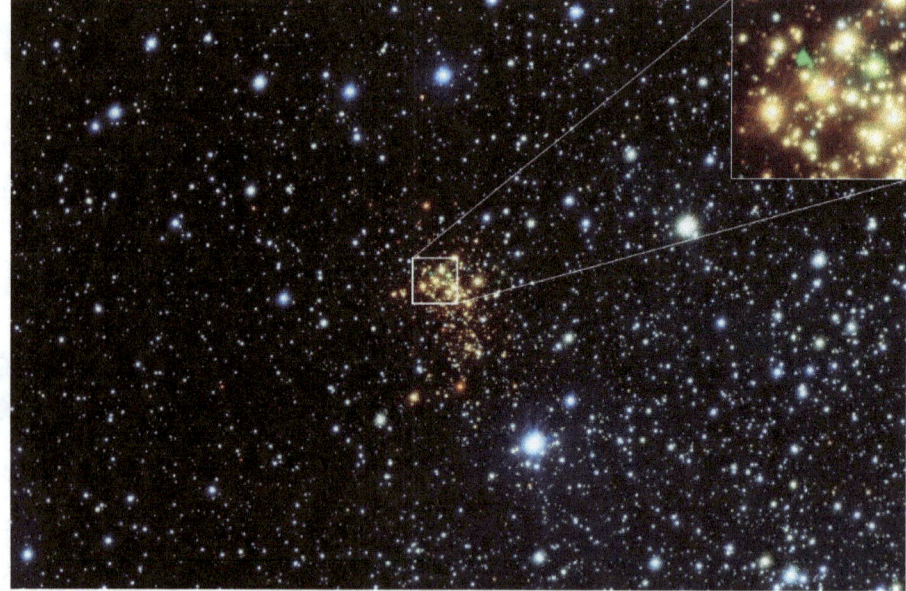

La composition chimique de l'étoile Westerlund 1-26 est un aspect très important pour comprendre ses caractéristiques et son évolution. Cependant, les informations disponibles sur la composition chimique de cette étoile sont limitées et n'ont pas encore été entièrement déterminées.

Selon certaines études, cette étoile est considérée comme très riche en métaux, ce qui signifie qu'elle contient une quantité relativement élevée d'éléments lourds dans son atmosphère. Certains éléments chimiques qui ont été identifiés dans son atmosphère comprennent l'hydrogène, l'hélium, le carbone, l'azote, l'oxygène, le silicium et le fer.

Les observations spectroscopiques de Westerlund 1-26 suggèrent qu'il a une plus grande abondance de fer par rapport à l'hydrogène que le Soleil, ce qui peut indiquer qu'il s'est formé à partir de gaz enrichi en métal. Une autre information, la présence de carbone dans son atmosphère, indique qu'il pourrait avoir subi un processus de mélange convectif, dans lequel les éléments les plus lourds sont transportés du cœur vers la surface.

Cependant, les observations actuelles ne fournissent pas une image claire de la composition chimique de Westerlund 1-26. Une étude plus approfondie est nécessaire pour mieux comprendre l'abondance d'éléments chimiques dans cette étoile et son évolution dans le temps.

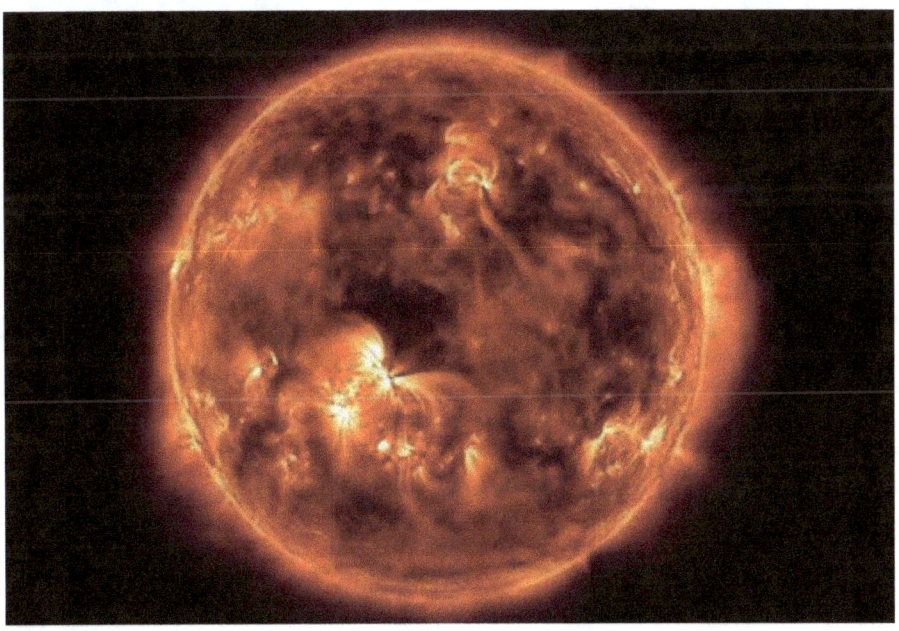

L'orbite de l'étoile Westerlund 1-26 autour du centre de la

nébuleuse Carina n'a pas encore été déterminée avec précision. En effet, il se trouve dans une région très dense et turbulente, ce qui rend difficile l'obtention d'observations précises. De plus, l'étoile se trouve dans un amas d'étoiles très compact, ce qui rend encore plus difficile la détermination de son orbite.

Concernant la rotation, des études indiquent qu'elle a une rotation lente, avec une vitesse équatoriale estimée à environ 20 km/s. C'est relativement faible pour une étoile de très grande taille et d'une masse estimée à environ 20 masses solaires.

Le taux de rotation lent de Westerlund 1-26 peut s'expliquer par le fait qu'il a peut-être subi un couplage de marée avec une étoile compagne à un moment donné de son évolution. Ce processus se produit lorsque deux étoiles sont suffisamment proches pour que la gravité de l'une affecte la forme de l'autre, provoquant la synchronisation de leurs rotations.

Un autre facteur pertinent est la présence d'un fort champ magnétique à sa surface, qui peut également contribuer à une rotation lente. En effet, le champ magnétique de l'étoile peut exercer une force qui bloque la rotation de l'étoile, l'empêchant de tourner plus vite.

ALPHA AURIGAE
(CAPELLA)

L'étoile Capella est une étoile double située dans la constellation de l'Auriga, située à environ 42 années-lumière de la Terre. C'est l'une des étoiles les plus brillantes du ciel nocturne, avec une magnitude apparente d'environ 0,1. Capella est une étoile géante jaune qui est environ 2,5 fois plus massive que le Soleil et environ 10 fois plus lumineuse. L'étoile est visible à l'œil nu et a été l'une des étoiles les plus étudiées par les astronomes.

L'étoile Capella tire son nom d'un mot latin signifiant "petite chèvre", en référence à la constellation de l'Auriga, qui représente un conducteur de char tenant des chèvres sur ses genoux. L'étoile Capella est une étoile double composée de deux étoiles de type G, qui orbitent l'une autour de l'autre à une distance moyenne d'environ 0,74 UA (unités astronomiques). Cette distance est à peu près la même distance entre le Soleil et Vénus.

L'orbite prend environ 104 jours pour effectuer une révolution. Capella A est l'étoile la plus brillante du système et est classée comme une étoile géante jaune. Sa température de surface est d'environ 4 800 Kelvin et son rayon est d'environ 12 fois celui du Soleil. Capella B, la deuxième étoile du système, est plus petite et plus sombre que l'étoile A. C'est aussi une étoile de type G, mais elle est classée comme une étoile supergéante. Sa température de surface est d'environ 5 500 Kelvin et son rayon est d'environ 8 fois celui du Soleil.

Les astronomes ont étudié l'étoile Capella en utilisant une variété de techniques, y compris les observations visuelles, la spectroscopie et l'interférométrie. Des observations spectroscopiques ont montré que les étoiles Capella A et B sont très similaires en composition chimique et en âge, ce qui suggère qu'elles se sont formées et ont évolué ensemble. Les observations interférométriques ont révélé que Capella A a une atmosphère étendue, ce qui est attendu pour une étoile géante.

L'étoile Capella a été utilisée comme point de référence pour la navigation pendant des siècles. C'était l'une des quatre étoiles connues sous le nom de "étoiles nautiques", qui servaient à aider les marins à s'orienter en mer. De plus, Capella est souvent utilisée comme étoile d'étalonnage dans les études astronomiques, en raison de sa luminosité connue et de sa proximité relative avec la Terre.

Les observations spectroscopiques et interférométriques ont révélé une mine d'informations sur l'étoile, notamment sa composition chimique, son âge, sa température et sa taille. L'étoile Capella est un objet important pour l'astronomie et la navigation, et est un excellent exemple de la façon dont les astronomes étudient et comprennent les étoiles.

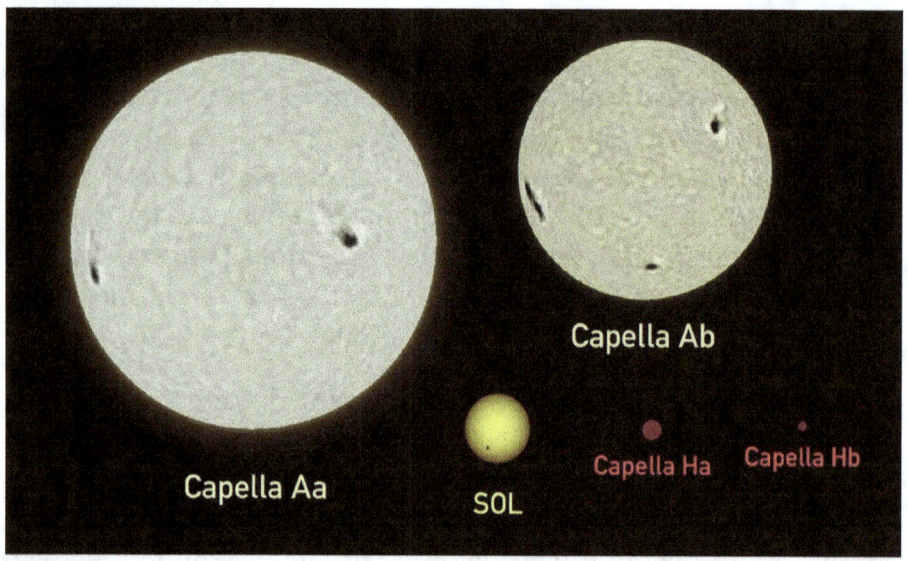

De plus, Capella est un système stellaire très intéressant pour étudier l'évolution stellaire. Bien que les étoiles A et B soient très similaires en composition chimique et en âge, elles ont des tailles et des températures différentes, ce qui suggère qu'elles ont évolué différemment. Les étoiles de type G sont connues pour passer par une phase où elles deviennent des géantes rouges, se dilatant à un point tel qu'elles peuvent avaler des planètes proches. L'étude de Capella pourrait aider les astronomes à mieux comprendre comment les étoiles évoluent et quelles sont les conséquences de cette évolution.

Des études spectroscopiques de la lumière émise par les étoiles ont révélé qu'elles sont composées principalement d'hydrogène et d'hélium, les éléments les plus abondants dans l'univers. De plus, des traces d'autres éléments plus lourds ont été détectées dans leur atmosphère, notamment du carbone, de l'azote, de l'oxygène, du fer, du silicium, du magnésium et autres.

CMR 136A1

L'étoile RMC 136a1 est l'une des étoiles les plus remarquables de notre galaxie, la Voie lactée. Située dans la nébuleuse de la Tarentule dans le Grand Nuage de Magellan, RMC 136a1 est l'une des étoiles les plus massives et les plus brillantes connues, avec une masse estimée à environ 315 fois la masse du Soleil. Dans ce chapitre nous allons présenter les principales caractéristiques de l'étoile RMC 136a1, ainsi que son rôle dans l'évolution stellaire.

Ses caractéristiques physiques montrent qu'il s'agit d'une étoile Wolf-Rayet, une classe d'étoiles très massives et chaudes qui ont perdu une grande partie de leurs couches externes d'hydrogène. La température effective de l'étoile est estimée à environ 50 000 Kelvin, ce qui en fait l'une des étoiles les plus chaudes connues. De plus, l'étoile a une luminosité extrêmement élevée, environ 8,7 millions de fois la luminosité du Soleil.

RMC 136a1 est une étoile binaire, ce qui signifie qu'elle est composée de deux étoiles en orbite l'une autour de l'autre. L'étoile compagne est estimée à environ 25 fois la masse du Soleil et orbite autour de l'étoile mère en une période d'environ 20 jours.
Cette étoile joue un rôle important dans l'évolution stellaire, notamment dans la formation des trous noirs. En tant qu'étoile très massive, RMC 136a1 évolue rapidement et épuise son combustible nucléaire sur une échelle de temps relativement courte par rapport aux étoiles moins massives. Lorsque cela se produit, l'étoile s'effondre et explose en supernova, laissant derrière elle un reste stellaire.

Dans ce cas, l'explosion de la supernova entraînera probablement la formation d'un trou noir. De plus, RMC 136a1 est également une source majeure de rayonnement ionisant dans la nébuleuse de la tarentule, ce qui la rend importante pour comprendre la formation et l'évolution des régions HII, qui sont des régions d'hydrogène ionisé.

La composition chimique de l'étoile RMC 136a1 est un domaine de recherche en constante évolution et n'est pas encore totalement élucidée. Cependant, des études indiquent que l'étoile a une composition chimique relativement riche en éléments lourds tels que le carbone, l'oxygène, l'azote, le silicium et le fer.

Grâce à l'analyse du spectre de l'étoile, les astronomes ont pu déterminer que RMC 136a1 a une abondance d'hélium relativement faible par rapport aux étoiles moins massives. De plus, l'étoile a également une abondance relativement élevée d'azote, ce qui est cohérent avec sa classification en tant qu'étoile Wolf-Rayet.

L'analyse spectrale suggère également que l'étoile RMC 136a1 pourrait être enrichie en éléments lourds produits dans les supernovae, ce qui est cohérent avec sa grande masse et son évolution rapide. Cependant, une étude plus approfondie est nécessaire pour bien comprendre la composition chimique de l'étoile et son lien avec son évolution stellaire.

UY SCUTI

L'étoile UY Scuti est un objet astronomique fascinant qui a suscité un grand intérêt parmi la communauté scientifique et le grand public. C'est une supergéante rouge située dans la constellation de Scutum, dont les caractéristiques physiques la placent parmi les plus grandes étoiles connues de l'univers.

Selon les estimations actuelles, UY Scuti a une masse d'environ 30 fois celle du Soleil et un rayon d'environ 1 700 fois celui du Soleil. Ces mesures sont cependant encore sujettes à une certaine incertitude, en raison de la difficulté d'obtenir des observations précises d'étoiles aussi éloignées. La distance par rapport à la Terre est d'environ 2 912,65 parsecs, ce qui signifie que la lumière émise par cette étoile met plus de 9 mille ans pour nous parvenir.

L'analyse spectrale d'UY Scuti a révélé la présence de divers éléments chimiques dans son atmosphère, en plus de l'hydrogène et de l'hélium, tels que le carbone, l'oxygène, le fer et d'autres métaux lourds. Ces éléments sont produits par des réactions nucléaires au cœur de l'étoile et sont transportés vers la surface par des processus convectifs.

On sait peu de choses sur l'orbite d'UY Scuti autour du centre de la Voie lactée, mais on pense qu'elle se déplace sur une orbite elliptique, prenant des millions d'années pour accomplir une révolution complète. Concernant la rotation de l'étoile, les observations indiquent qu'il s'agit d'une étoile à faible vitesse, qui met environ 740 jours pour effectuer une rotation complète autour de son axe. Cette valeur est assez inhabituelle pour une étoile de cette taille, et les causes de ce phénomène ne sont pas encore totalement comprises.

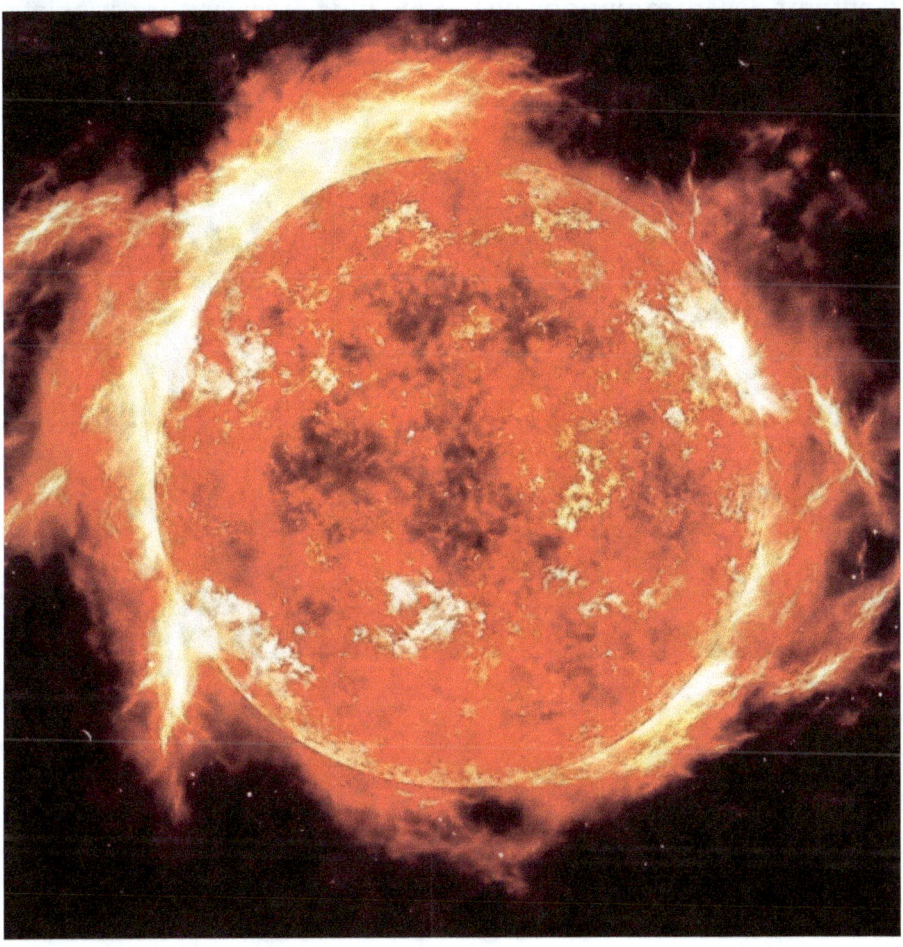

Comprendre la structure et l'évolution des étoiles comme UY Scuti est fondamental pour étudier la formation et l'évolution des galaxies et de l'univers dans son ensemble. De plus, les étoiles supergéantes rouges comme celle-ci jouent un rôle important dans l'enrichissement chimique du milieu interstellaire, par l'émission d'éléments lourds qui sont produits dans leur noyau et se propagent dans l'espace via les vents stellaires.

Enfin, il est important de souligner que l'observation et l'étude d'étoiles lointaines comme UY Scuti sont essentielles pour élargir nos connaissances sur l'univers et sa complexité. Malgré les difficultés techniques, les progrès de l'astronomie ont permis d'obtenir des informations de plus en plus précises sur ces objets, ouvrant de nouvelles possibilités pour explorer l'univers dans lequel nous vivons.

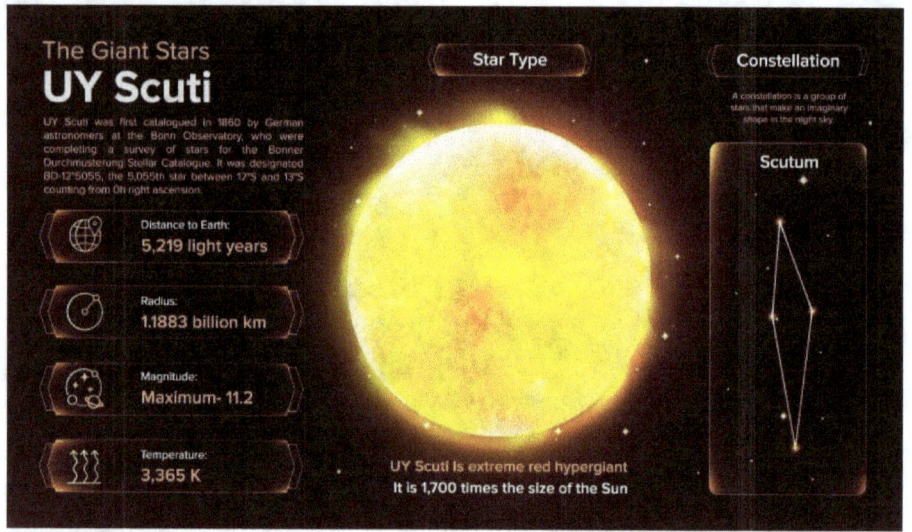

WOH G64

L'étoile WOH G64 est une supergéante rouge située dans le Grand Nuage de Magellan, une galaxie satellite de la Voie lactée. D'une magnitude apparente d'environ 13, cette étoile est très brillante et peut être vue avec des télescopes amateurs de taille moyenne.

L'une des plus grandes étoiles connues, avec un rayon estimé à environ 1 500 fois le rayon du Soleil, cette supergéante rouge est également très massive, avec une masse estimée à environ 25 fois la masse du Soleil.

De plus, WOH G64 est une étoile très ancienne, dont l'âge est estimé à environ 10 millions d'années. L'observation fournit des informations importantes pour comprendre l'évolution stellaire. Les supergéantes rouges comme cette étoile sont des étapes tardives de l'évolution des étoiles massives et fournissent des indices sur l'évolution des étoiles massives. WOH G64 en particulier est l'une des étoiles les plus lumineuses connues et peut fournir des informations utiles sur l'évolution stellaire dans des conditions extrêmes.

Les observations avec des télescopes dans le spectre visible et infrarouge révèlent des caractéristiques intéressantes de l'atmosphère de cette étoile. Par exemple, des observations spectroscopiques ont révélé la présence d'une enveloppe de gaz expansée autour de l'étoile, appelée enveloppe circumstellaire. La présence de cette enveloppe suggère que le WOH G64 subit une phase intense de perte de masse, avec l'expulsion de grandes quantités de gaz dans son environnement.

D'autres observations indiquent que cette étoile pourrait être sur le point d'exploser en supernova. Bien qu'il ne soit pas possible de prédire avec précision quand cela se produira, les modèles théoriques suggèrent que cela pourrait se produire dans un avenir proche, en termes astronomiques.

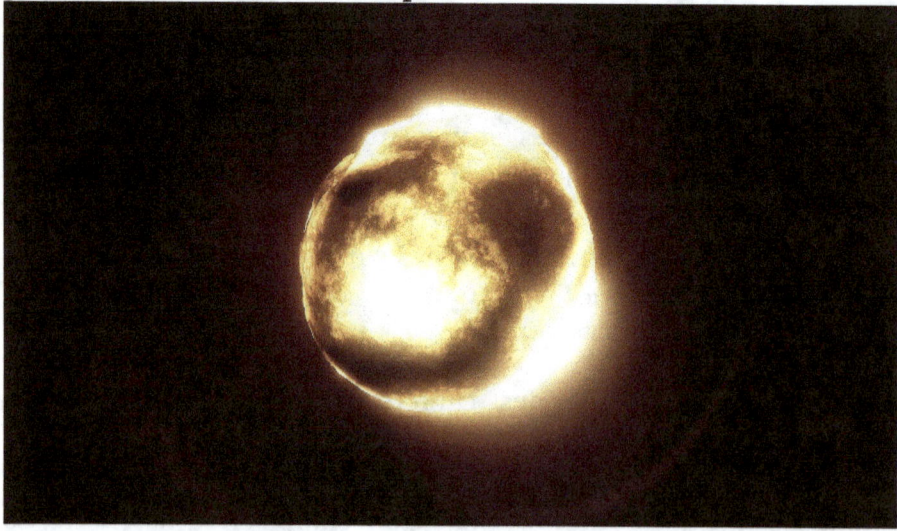

La composition chimique de l'étoile WOH G64 est un sujet d'étude actif parmi les astronomes. Cependant, l'analyse spectrale de l'étoile suggère que son atmosphère est riche en hydrogène et en hélium, comme c'est souvent le cas pour les étoiles. De plus, des traces d'éléments plus lourds tels que le carbone, l'oxygène et l'azote ont été détectées.

Des observations spectroscopiques de l'étoile ont également révélé la présence de certains éléments chimiques moins courants dans son atmosphère. Par exemple, des traces de lithium, de béryllium et de bore ont été détectées, qui sont normalement difficiles à détecter dans les étoiles en raison de leur faible teneur. La présence de ces éléments suggère que le WOH G64 a pu subir des processus de mélange et d'enrichissement chimique au cours de son évolution stellaire.

L'analyse spectrale de l'étoile suggère qu'elle pourrait être enrichie en éléments produits par des processus nucléaires avancés, tels que le processus s et le processus r. Ces processus se produisent dans des conditions extrêmes, comme les supernovae et les collisions d'étoiles à neutrons, et produisent des éléments plus lourds que le fer. La présence de ces éléments dans WOH G64 peut fournir des indices sur l'origine de ces éléments dans les étoiles de grande masse.

RIGEL

L'étoile de Rigel est l'une des étoiles les plus brillantes visibles à l'œil nu dans le ciel nocturne. Située dans la constellation d'Orion, c'est une étoile supergéante bleue de classe B et a une magnitude apparente d'environ 0,18. Sa position dans le ciel nocturne la rend facilement identifiable par les astronomes amateurs et professionnels.

L'étoile Rigel a une masse estimée à environ 23 fois la masse du Soleil et un diamètre estimé à environ 78 fois le diamètre du Soleil. C'est une jeune étoile, estimée à environ 10 millions d'années. En comparaison, l'âge du Soleil est estimé à environ 4,6 milliards d'années. Rigel est situé à une distance d'environ 860 années-lumière de la Terre.

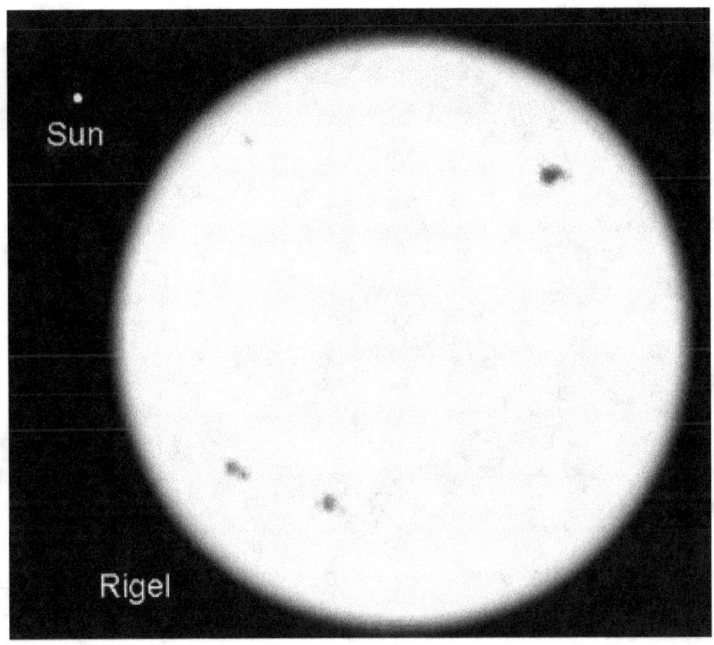

La couleur bleu vif de l'étoile Rigel indique sa température de surface relativement élevée, estimée à environ 12 000 Kelvin. La température élevée de Rigel signifie qu'il émet beaucoup de rayonnement ultraviolet et visible. Ce rayonnement est responsable de la luminosité de l'étoile et est également la source d'énergie pour l'ionisation des gaz dans le milieu interstellaire environnant.

Rigel est une étoile variable, ce qui signifie que sa luminosité varie légèrement dans le temps. La variation de la luminosité de l'étoile est due à la pulsation de sa surface, qui peut être observée comme des changements dans la largeur des raies spectrales de son spectre.

L'étoile Rigel est également connue pour être un système binaire, composé d'une étoile principale et d'un compagnon plus petit. La nature exacte du compagnon n'est pas bien comprise, mais il est possible qu'il s'agisse d'une étoile mineure B ou O.

En raison de sa luminosité brillante et de son emplacement dans la constellation d'Orion, l'étoile Rigel fait l'objet d'observations et d'études par les astronomes depuis des siècles. C'est une source importante d'informations sur l'évolution stellaire et la physique stellaire en général.

La composition chimique de l'étoile Rigel est similaire à celle des autres étoiles de sa classe. En tant qu'étoile supergéante bleue de classe B, elle est composée principalement d'hydrogène et d'hélium, comme la plupart des étoiles. Cependant, il contient également des quantités importantes d'éléments plus lourds tels que le carbone, l'azote, l'oxygène, le silicium et le fer.

Les éléments les plus lourds sont produits par fusion nucléaire au cœur de l'étoile, où les températures et les pressions sont extrêmement élevées. Au cours de la vie d'une étoile comme Rigel, elle subit une série de réactions nucléaires qui produisent ces éléments plus lourds. Lorsque l'étoile atteint la fin de sa vie, elle peut exploser en supernova, dispersant ces éléments dans l'espace et enrichissant la galaxie avec les éléments qui composent les planètes et d'autres formes de vie.

L'analyse spectrale de la lumière émise par l'étoile Rigel peut fournir des informations sur sa composition chimique. Grâce aux techniques de spectroscopie, les astronomes peuvent identifier les raies spectrales de différents éléments de votre atmosphère et déterminer l'abondance relative de ces éléments.

En général, la composition chimique de l'étoile Rigel est très similaire à celle des autres étoiles de sa classe, mais l'analyse de ses raies spectrales peut fournir des informations importantes sur l'évolution stellaire et la formation des éléments dans l'univers.

L'étoile Rigel a un taux de rotation très élevé, tournant autour de son axe une fois tous les 10,4 jours terrestres. C'est environ 17 fois plus rapide que la vitesse de rotation du Soleil. En raison de sa vitesse de rotation élevée, Rigel est une étoile aplatie aux pôles, avec un diamètre équatorial supérieur de 50 % au diamètre polaire.

L'orbite de cette étoile intéresse également les astronomes. Rigel est une étoile solitaire et ne fait pas partie d'un système d'étoiles binaires ou multiples. Cependant, il est situé dans la constellation d'Orion, qui contient de nombreuses jeunes étoiles brillantes et se déplace par rapport à notre système solaire à une vitesse d'environ 24,4 km/s.

L'orbite de l'étoile Rigel autour du centre galactique de la Voie lactée est estimée à environ 250 millions d'années. Cela signifie que depuis la formation de Rigel, il a effectué environ 4 orbites autour du centre galactique. La position de Rigel dans le ciel nocturne change également constamment en raison du propre mouvement de l'étoile dans l'espace. Le mouvement propre est le changement apparent de la position d'une étoile dans le ciel nocturne par rapport aux autres étoiles d'arrière-plan causée par le mouvement réel de l'étoile dans l'espace.

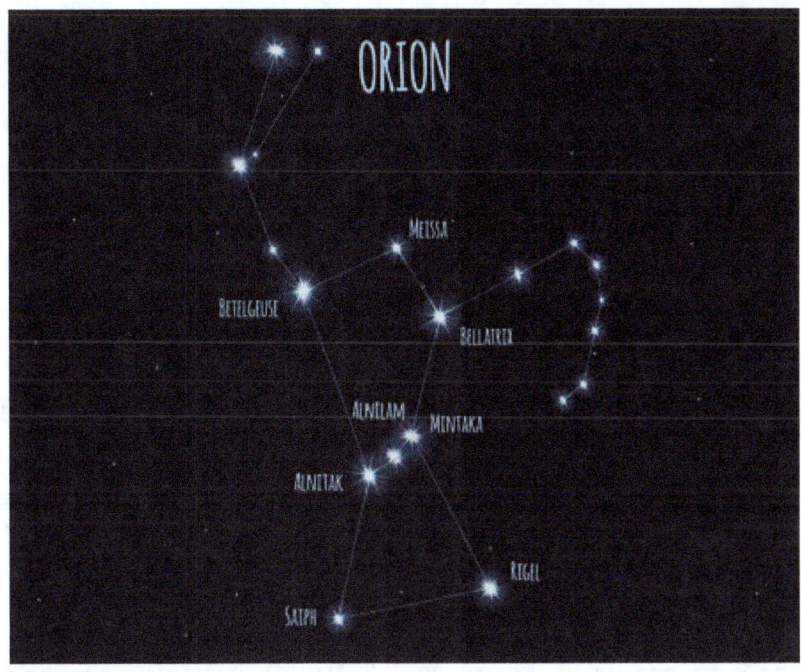

ÉTOILES NOIRES

Les étoiles noires sont un phénomène astronomique rare et intrigant qui a suscité l'intérêt de la communauté scientifique. Contrairement aux étoiles conventionnelles, les étoiles noires n'émettent pas de lumière visible et sont donc difficiles à détecter. Dans ce chapitre, nous discuterons de ce que sont les étoiles noires, de leur formation et de leur rôle dans l'univers.

Quelles sont les étoiles noires ? Les étoiles noires sont des étoiles extrêmement compactes et denses, avec une masse telle que la force de gravité est capable d'empêcher la lumière de s'en échapper. Pour cette raison, ils n'émettent pas de lumière visible et sont pratiquement invisibles pour les télescopes conventionnels. Leur existence ne peut être détectée que par les effets gravitationnels qu'ils exercent sur les autres étoiles et les objets célestes à proximité.

Ces étoiles sont formées à partir de l'explosion d'étoiles massives, appelées supernovae. Lors d'une supernova, l'étoile explose et le noyau restant est comprimé par une force gravitationnelle extrêmement forte, formant une étoile à neutrons. Si la masse de l'étoile à neutrons est encore plus élevée, elle peut s'effondrer davantage et former une étoile noire.

Ces étoiles jouent un rôle fondamental dans l'univers, puisqu'elles sont chargées de maintenir la stabilité des galaxies. L'attraction gravitationnelle des étoiles noires maintient les étoiles et les planètes proches d'elles en orbite, les empêchant de s'échapper dans l'espace intergalactique. De plus, les étoiles noires peuvent également jouer un rôle important dans la production de rayons cosmiques et la formation de trous noirs.

Une étoile noire n'a pas besoin d'horizon des événements et peut ou non être une phase de transition entre une étoile qui s'effondre et une singularité. Une étoile noire est créée lorsque la matière est comprimée à un taux nettement inférieur à la vitesse de chute libre d'une particule hypothétique tombant vers le centre de cette étoile, en raison du fait que les processus quantiques créent une polarisation du vide, qui crée une forme de pression dégénérative. empêchant l'espace-temps (et les particules qui y sont piégées) d'occuper le même espace en même temps. Cette énergie est théoriquement illimitée, et si elle s'accumule assez rapidement, elle empêchera l'effondrement gravitationnel de créer une singularité. Cela peut impliquer un taux d'effondrement de plus en plus faible,

Une étoile noire avec un rayon légèrement plus grand que l'horizon des événements prédit pour un trou noir de masse équivalente apparaîtra visiblement très sombre, car presque toute la lumière produite revient à l'étoile. Toute lumière qui s'échappe sera gravement affectée par la gravité, générant un décalage vers le rouge (également appelé décalage vers le rouge) à cette luminosité. Il apparaîtra presque exactement comme un trou noir.

Aura un rayonnement Hawking[8], car les particules virtuelles créées dans son voisinage peuvent toujours se diviser, une particule s'échappant et l'autre étant piégée. De plus, cela créera un rayonnement thermique planckien qui ressemble au rayonnement équivalent de Hawking attendu d'un trou noir.

L'intérieur prédit d'une étoile noire sera composé de cet étrange état d'espace-temps, chaque longueur de profondeur s'étendant vers l'intérieur, apparaissant comme une étoile noire de masse et de rayon équivalents sans le linceul. Les températures augmentent avec la profondeur vers le centre.

ÉTOILES À NEUTRONS

L es étoiles à neutrons sont l'un des objets les plus fascinants et les plus énigmatiques de l'univers. Ce sont des restes compacts d'étoiles massives qui n'ont plus de combustible nucléaire et se sont effondrées par gravité. En raison de leur incroyable densité, les étoiles à neutrons ont des propriétés physiques extrêmes, qui en font un sujet de grand intérêt et d'étude en astrophysique.

Les étoiles à neutrons se forment à partir de supernovae, qui se produisent lorsqu'une étoile massive utilise tout son combustible nucléaire et que l'attraction gravitationnelle de son noyau devient intenable. A ce moment, le noyau de l'étoile s'effondre, formant une sphère de matière extrêmement dense, d'environ 20 kilomètres de diamètre. Cette sphère est composée principalement de neutrons, qui sont des particules subatomiques sans charge électrique, et est entourée d'une atmosphère d'électrons et de protons.

La densité de matière dans les étoiles à neutrons est si élevée qu'une cuillère à café de leur matière pèserait des millions de tonnes sur Terre. De plus, les étoiles à neutrons tournent très rapidement, avec des vitesses de rotation pouvant atteindre des centaines de fois par seconde. Ce spin rapide est le résultat du principe de conservation du moment cinétique, qui fait augmenter la vitesse de rotation à mesure que l'étoile se rétrécit.

Les étoiles à neutrons sont détectées par leur émission de rayonnement électromagnétique, qui peut être observé dans diverses bandes du spectre électromagnétique, y compris les rayons X, les rayons gamma et les ondes radio. Ce rayonnement est produit par divers processus physiques qui se produisent dans les étoiles à neutrons, tels que la rotation rapide, les champs magnétiques puissants et l'interaction avec les matériaux environnants.

L'une des propriétés les plus intrigantes des étoiles à neutrons est leur champ magnétique extrêmement intense, qui peut être des milliards de fois plus puissant que le champ magnétique terrestre. Ce champ magnétique puissant crée une région de plasma autour de l'étoile appelée magnétosphère, qui interagit avec le milieu interstellaire et peut produire des émissions radio.

Dans ces systèmes, les étoiles orbitent autour d'un centre de masse commun et peuvent interagir gravitationnellement et par le biais d'émissions de rayonnement, produisant des effets complexes et fascinants.

Les étoiles à neutrons peuvent également former des systèmes binaires avec d'autres étoiles, produisant des effets complexes. L'étude des étoiles à neutrons est essentielle pour comprendre la physique des hautes énergies et l'univers dans son ensemble.

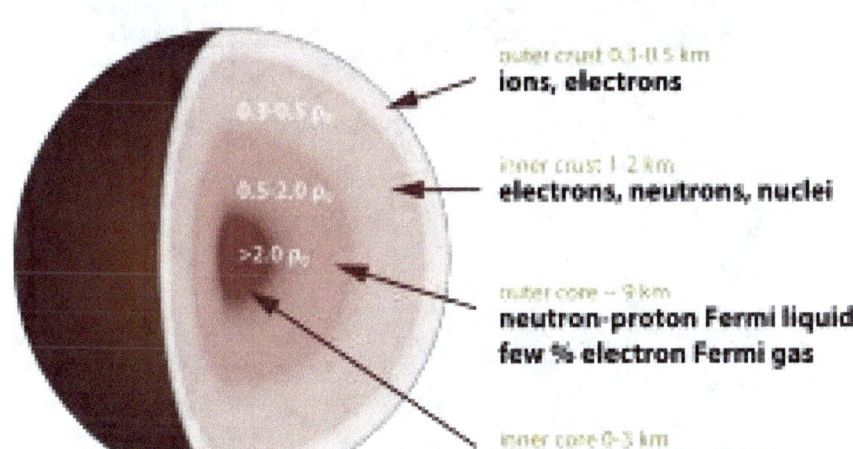

Structure d'une étoile à neutrons

Les pulsars sont des étoiles à neutrons très petites et très denses. Les pulsars peuvent avoir un champ gravitationnel jusqu'à un milliard de fois celui de la Terre. Ce sont probablement des restes d'étoiles effondrées ou de supernovae. Au fur et à mesure qu'une étoile perd de l'énergie, sa matière se comprime vers son centre, devenant de plus en plus dense. Plus la matière de l'étoile se déplace vers son centre, plus elle tourne vite.

Ils émettent un flux constant d'énergie. Cette énergie est concentrée dans un courant deà particulesélectromagnétiquequi sont issus depôles magnétiquesde l'étoile. Lorsque l'étoile tourne, le faisceau d'énergie est diffusé par leespace, comme le paquetlumièred'unphare. Ce n'est que lorsque le faisceau atteint leAtterrirest que nous pouvons détecter des pulsars à travers des radiotélescopes. La lumière émise par les pulsars dans lespectre visibleIl est si petit qu'il n'est pas possible de l'observer deoeil nu. Seuls les radiotélescopes peuvent détecter la forte énergie qu'ils émettent.

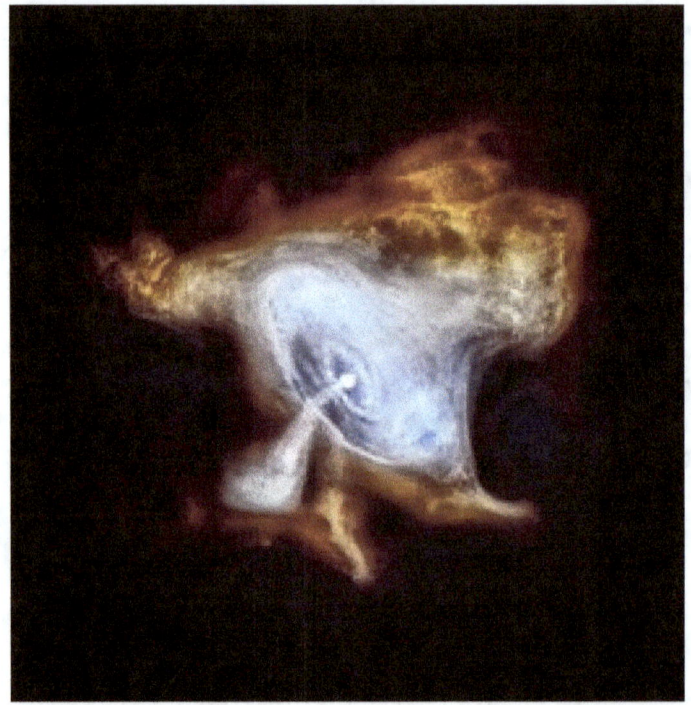

Le pulsar du crabe. Cette image combine des informations optiques collectées par Hubble (en rouge) et des images radiographiques de Chandra (en bleu).

le pulsarRÉP 1913+16est un système orbité par des étoiles à neutrons avec une séparation maximale d'un seul rayonsolaireentre eux. Il se déplace rapidement et les observations indiquent que la période orbitale de ce système devrait diminuer relativement rapidement, compte tenu de son signal fort.onde gravitationnelle; depuis 1975, la période a déjà diminué de 10 secondes.

disque d'accélération,en cas desuper nouveause produire dans un système binaire, la supernova compagne peut subir des dommages à ses couches de surface (et continuer à vivre), car chaque partie du binaire génère son propre domaine de force gravitationnelle en forme de gouttelette, qui fusionne sous la forme d'un " 8" formant unsurface équipotentielle; appel deLobe de Roche(tous les points ont le même potentiel gravitationnel). Une étoile à neutrons se formera à côté d'une autre étoile voisine de la supernova. Quand l'étoile voisine devient unegéant rouge, remplit le lobe, son gaz va spirale vers l'étoile à neutrons à traverspoint de lagrangedu Lobe (point d'équilibre instable par lequel la matière peut être transférée). Ce gaz qui est aspiré dans l'étoile à neutrons en raison de sa rotation formera un disque épais autour d'elle ; un tel disque s'appelleaccumulation.

Le frottement qui existe entre les couches de gaz sur des orbites proches le long du disque d'accrétion entraîne une perte de moment cinétique et une spirale descendante vers la surface de l'étoile à neutrons. Le gaz en spirale se déplace dans le champ gravitationnel de l'étoile à neutrons, de sorte que son énergie gravitationnelle est convertie en énergie thermique à l'intérieur du disque d'accrétion.

Dans la partie interne du disque d'accrétion, l'énergie gravitationnelle est libérée avec une plus grande intensité, atteignant une température moyenne de millions de degrés. Une énorme source d'énergie est présente dans cette région, où il y a une grande émission de rayonnement, comme les rayons ultraviolets et les rayons X. La pression sur l'étoile à neutrons peut augmenter considérablement si une quantité relativement importante de gaz est transférée du disque d'accrétion d'étoiles à neutrons ; de cette manière, l'énergie est accumulée et ainsi, finalement, le gaz est expulsé de l'étoile à neutrons, provoquant de forts courants de gaz dans son orbite.

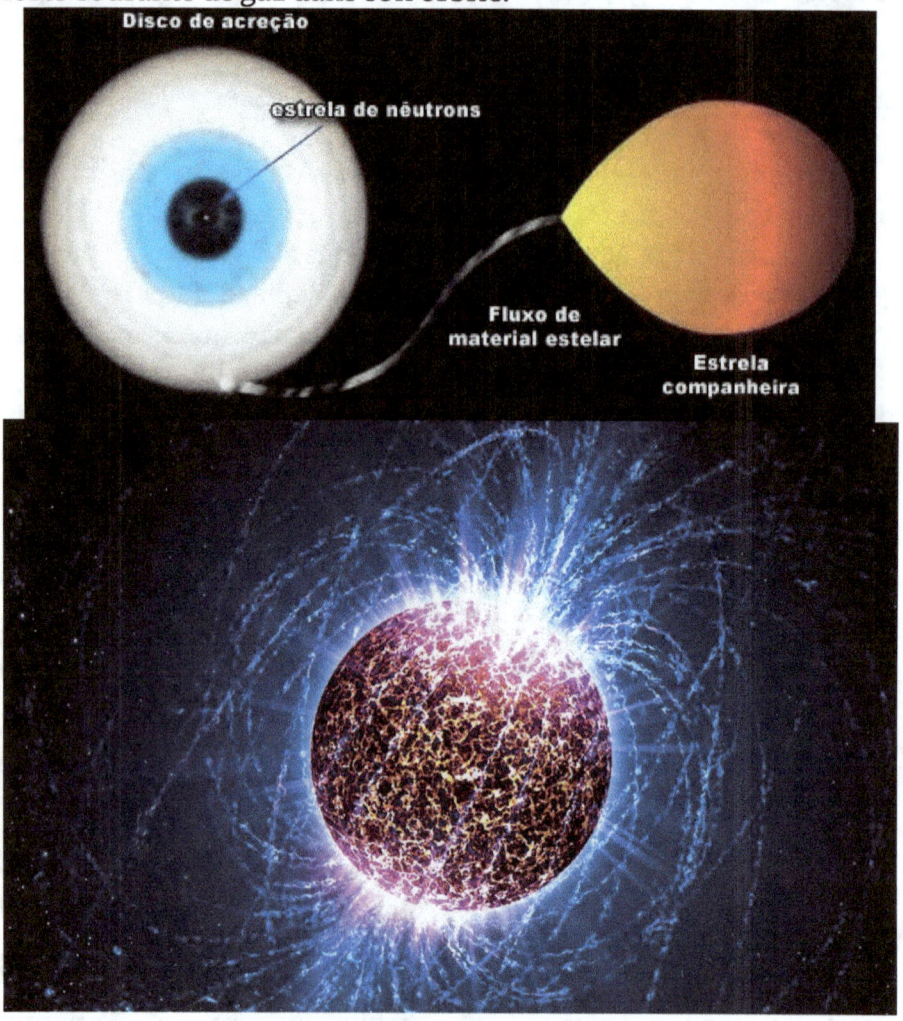

CONSIDÉRATIONS
FINALES

A la fin de ce livre sur les étoiles de l'univers, on peut dire que ces objets célestes sont de véritables merveilles cosmiques. Ils sont responsables de la création d'éléments chimiques, de la production de lumière et de chaleur, en plus d'être l'un des principaux éléments qui composent les galaxies.

Nous avons appris que les étoiles peuvent varier en taille, température, couleur et luminosité, ce qui peut affecter considérablement leur cycle de vie et leur devenir éventuel. Certaines étoiles finissent par exploser en supernovae, tandis que d'autres peuvent devenir des trous noirs ou des étoiles à neutrons.

Les étoiles jouent également un rôle important dans notre existence même, car elles sont responsables de la lumière que nous voyons pendant la journée, du réchauffement de notre planète et de la fourniture d'éléments essentiels à la vie, tels que le carbone et l'oxygène.

Cependant, il reste encore beaucoup à découvrir sur les étoiles et l'univers dans lequel nous vivons. À mesure que la science progresse, de nouvelles technologies et méthodes de recherche nous permettent d'étudier les étoiles et de mieux comprendre leur origine, leur évolution et leur rôle dans le cosmos.

En bref, ce livre nous a montré la magnitude et la complexité des étoiles dans l'univers et à quel point elles sont essentielles à notre compréhension du cosmos et de notre existence même.

RÉFÉRENCES
BIBLIOGRAPHIQUES

Anglada-Escude, Guillem; et coll. (août 2016). "Une planète terrestre candidate dans une orbite tempérée autour de Proxima Centauri". Nature. 536 (7617): 437-440. Code dossard : 2016Natur.536..437A. doi:10.1038/nature19106

Baker, J.; Bizarro, M.; Wittig, N.; Connelly, J.; Hack, H. (2005). "Fusion planétésimale précoce à partir d'un âge de 4,5662 Gyr pour les météorites différenciées". Nature. 436 : 1127–1131. doi:10.1038/nature03882

Barcelo, C.; Liberati, S.; Sonego, S.; En ligneVisser, M. (2008). "Le destin de l'effondrement gravitationnel dans la gravité semi-classique". Examen physique D 77:044032. doi:10.1103/PhysRevD.77.044032. (En anglais)

Bessa Soares (9 février 2011). Le Soleil est une sphère parfaite. Plus de technologie. Consulté le 30 juin 2021

Bonano, A.; Schlattl, H.; En lignePaterno, L. (2008). "L'âge du Soleil et les corrections relativistes dans l'EOS". Astronomie et astrophysique. 390 : 1115–1118. doi:10.1051/0004-6361:20020749

Camenzind, Max (24 février 2007). Objets Compacts En Astrophysique : Naines Blanches, Étoiles À Neutrons Et Trous Noirs Springer Science & Business Media. P. 269. ISBN 978-3-540-49912-1

Dearborn, David SP (2016). "Indices d'évolution pour Bételgeuse". Le Journal d'Astrophysique. 819. 7p. Code dossard : 2016ApJ...819....7D. arXiv:1406.3143v2. doi:10.3847/0004-637X/819/1/7

DeWarf, LE; Datin, KM ; Guinan, EF (octobre 2010). "Observations aux rayons X, FUV et UV de α Centauri B: détermination du cycle d'activité magnétique à long terme et de la période de rotation". Le Journal d'Astrophysique. 722(1): 343-357. Code dossard : 2010ApJ...722..343D. doi:10.1088/0004-637X/722/1/343

Dolan, Michelle M.; Mathews, Grant J.; Lam, Doan Duc; Lan, Nguyên Quynh ; Herczeg, Gregory J.; dos Anjos, Sandra. Evolution des étoiles dans les systèmes binaires (PDF) . Institut d'Astronomie, Géophysique et Sciences Atmosphériques : Université de São Paulo.

Edward F. Guinan; Richard J Wasatonic; Thomas J. Calderwood (8 décembre 2019). "ATel # 13341: L'évanouissement de la supergéante rouge voisine Bételgeuse". Le télégramme de l'astronome. Consulté le 11 janvier 2023

ESO : Image la plus haute résolution d'Eta Carinae obtenue à ce jour incl. Images et animations
L'étude montre que le Soleil est la sphère la plus parfaite de la nature. www.apolo11.com. Consulté le 30 juin 2021

G. Wallerstein; I. Iben fils; P. Parker; AMBoesgaard ; GM Hale; Champagne AE ; , CA Barnes; F. KM-dppeler ; VV Smith; RD Hoffman; effets spéciaux
Fois; C. Sneden ; RN Boyd; BS Meyer; DL Lambert (1999).

Voir GCVS=Eta+Car». Catalogue général des étoiles variables @ Institut astronomique Sternberg, Moscou, Russie. Consulté le 12 novembre 2022

En ligneGlendenning, Norman K. (2012). Étoiles compactes : physique nucléaire, physique des particules et relativité générale illustrée Ed. [SL] : Springer Science & Business Media. P. 1. ISBN 978-1-4684-0491-3 Extrait de page

Godier, S.; Rozelot, J.-P. (2000). L'aplatissement solaire et sa relation avec la structure de la tacocline et du sous-sol solaire (PDF). Astronomie et astrophysique. 355 : 365–374. Code dossard : 2000A&A...355..365G

Haensel, Pawel; Potekhin, Alexander Y.; Yakovlev, Dmitri G. (2007). Les étoiles à neutrons. [SL] : Springer. ISBN 0-387-33543-9

Jambon, WT Jr. ; Müller, HA ; Ruffolo, JJ Jr.; Guerry, D.III, (1980). « La rétinopathie solaire en fonction de la longueur d'onde : son importance pour la protection

Lunettes ". Dans: Williams, TP; Baker, BN Les effets de la lumière constante sur les processus visuels. [Sl]: Full Press. pages. 319–346. ISBN: 0306403285

Harper, directeur général ; et coll. (juillet 2017). "Une solution astrométrique 2017 mise à jour pour Bételgeuse". La revue astronomique. 154 (1) : article 11, 6 pp. Code Bib : 2017AJ....154...11H. doi:10.3847/1538-3881/aa6ff9

Helerbrock, Raphaël. « Qu'est-ce qu'une étoile à neutrons ?. École du Brésil. Qu'est-ce que la physique ?. Réseau Omnia. Récupéré le 21 décembre 2022

Hitchcock, R. Timothy; Patterson, Patterson (1995). Énergies électromagnétiques radiofréquences et ELF : un manuel pour les professionnels de la santé. [FR] : John Wiley et fils. P. 218. ISBN : 9780471284543

Howard RA; Moïse JD ; Socker DG ; Dere KP ; Cuire JW (2002). "Recherche coronale et héliosphérique de Sun Earth Connection (SECCHI)". Missions de variabilité solaire et de physique solaire Avancées de la recherche spatiale. 29(12) : 2017-2026

Keenan, Philip C.; McNeil, Raymond C. (octobre 1989). "Le

catalogue Perkins des types MK révisés pour les étoiles les plus cool". Série de suppléments au journal astrophysique . 71:245-266. Code dossard :1989ApJS...71..245K. doi:10.1086/191373

Kervella, P.; Mignard, F.; Mérand, A.; Thévenin, F. (octobre 2016). "Fermez les conjonctions stellaires de α Centauri A et B jusqu'en 2050. Une étoile mK = 7,8 pourrait entrer dans l'anneau d'Einstein de α Cen A en 2028." Astronomie et astrophysique. 594 : A107, 15.

Kiziltan, Bulent (2011). Fondamentaux réévalués : sur l'évolution, les âges et les masses des étoiles à neutrons. [Sl] : éditoriaux universels. ISBN 1-61233-765-1

En ligneLodders, K. (2003). "Abondances du système solaire et températures de condensation des éléments". Revue d'Astrophysique. 591 (2): 1220. doi:10.1086/375492

Miglio, A.; Montalbán, J. (octobre 2005). «Contraindre les paramètres stellaires fondamentaux à l'aide de la sismologie. Application à α Centauri AB ». Astronomie et astrophysique. 441(2):615629. Code dossard : 2005A&A...441..615M. doi:10.1051/0004-6361:20052988

Montarges, M.; Kervella, P.; Perrin, G.; Chiavasa, A.; Le Bouquin, J.-B. ; Aurière, M.; Lopez Ariste, A.; Mathias, P.; Ridgway, ST ; Lacour, S.; Haubois, X.; Berger, J.-P. (2016). "L'environnement quasi circumstellaire de Bételgeuse. IV.

Suivi interférométrique VLTI/PIONIER de la photosphère ». Astronomie et astrophysique. 588:A130. Code dossard : 2016A&A...588A.130M. arXiv:1602.05108. doi:10.1051/0004-6361/201527028

Les satellites de la NASA capturent le début d'un nouveau cycle solaire. PhysOrg (Science/Physics News). 4 janvier 2008. Consulté le 10 juillet 2022.
POT. "La courbe de lumière des rayons X RXTE d'Eta Carinae

O'Gorman, E.; et coll. (août 2015). "L'évolution temporelle de la

taille et de la température de l'atmosphère étendue de Bételgeuse". Astronomie et astrophysique. 580 : A101, 11 pp. Code bib : 2015A&A...580A.101O. doi:10.1051/0004-6361/201526136
Orel, Thierry (août 2018). "Examen de la composition chimique de α Centauri AB". Astronomie et astrophysique. 615 : A172, 22.

Paardekooper, S.-J.; Leinhardt, ZM (mars 2010). « Collisions planétésimales dans les systèmes binaires ». Avis mensuels de la Royal Astronomical Society : Lettres. 403(1) : L64-L68.

Phillips, 1995, pp. 78–79 Pesquisa Fapesp Magazine (8 mars 2012). « Revue de recherche Fapesp : Eta carinae, au-delà de l'éclipse Robrade, J. ; Schmitt, JHMM; Favata, F. (octobre 2005). "Rayons X de α Centauri - La gradation du jumeau solaire". Astronomie et astrophysique. 442(1): 315-321. Code dossard : 2005A&A...442..315R. doi:10.1051/0004-6361:20053314

Samus, NN ; Kazarovets, EV; Durlevich, VO; Kireeva, NN ; Pastukhova, IN (janvier 2009). "Catalogue de données en ligne VizieR : Catalogue général des étoiles variables (Samus +, 2007-2017)". Catalogue de données en ligne VizieR : B/gcvs. Code dossard :2009yCat....102025S

En ligneSchutz, Bernard F. (2003). Gravité à partir de zéro. [SL] : Cambridge University Press. pages. 98–99. ISBN 9780521455060

Seidelmann; et coll. (2000). Rapport du groupe de travail AIU/IAG sur les coordonnées cartographiques et les éléments de rotation des planètes et des satellites : 2000 ». Récupéré le 22 mars 2006

Résultat de la requête de base SIMBAD». SIMBADE. Consulté le 9 janvier 2023
Sol. Dictionnaire d'Aulète. Récupéré le 14 avril 2010. Archivé de l'original le 6 juillet 2022.

Les statistiques vitales du soleil. Centre solaire de Stanford. Consulté le 29 juillet 2008, citant Eddy, J. (1979). Un nouveau soleil : les résultats solaires de Skylab. [FR] : NASA. P. 37.

NASASP-402

Visser, Matt ; Barcelo, Carlos; Liberati, Stefano; Sonego, Sebastiano (2009) "Petit, sombre et lourd : Mais est-ce un trou noir ?", Bibcode : 2009arXiv0902.0346V

En ligneWoolfson, M. (2000). "L'origine et l'évolution du système solaire". Astronomie et Géophysique. 41. 1.12 pages. doi:10.1046/j.1468-4004.2000.00012.x
Zeilik, MA; Gregorio, SA (1998). Introduction à l'astronomie et à l'astrophysique 4e éd. [Sl] : Éditions du Collège Saunders. P. 322. ISBN 0030062284

Zhang, Bing; Xu, RX ; Qiao, GJ (2000). "Nature et culture: un modèle pour les répéteurs de rayons gamma mous". Le Journal d'Astrophysique. 545(2) : 127–129. Code dossard : 2000ApJ...545L.127Z. arXiv:astro-ph/0010225. doi : 10.1086/317889. Consulté le 22 septembre 2021

Zhao, lis; Fisher, Debra A.; Brasseur, John; Giguère, Matt ; Rojas-Ayala, Barbara (janvier 2018). "Détectabilité des planètes dans le système Alpha Centauri". La revue astronomique. 155 (1) : articles 24, 12.

[1] Dansastronomie, périhélie (ou périhélie), qui vient de péri (autour, proche) et hélium (Soleil), est le point deorbited'un corps, soitplanète,planète naine,astéroïdesoitcerf-volant, qui est plus proche deSoleil. Lorsqu'un corps est au périhélie, il a le plus grandvitessedanstraductionde toute son orbite. Lorsque le corps en question orbite autour d'un autre objet céleste que le Soleil, le nom générique est utilisé.périastrepour identifier ce point.

[2] aphélieest le point deorbitedans lequelplanèteou uncorps mineur du système solaireest plus éloigné deSoleil. Lorsqu'il s'agit d'un objet en orbite autour d'une étoile autre que le Soleil, ce point est appeléapostrophe. Les orbites de toutes les planètes sont toujourselliptique, ayant toujours un point plus éloigné (aphélie) et un point plus proche (périhélie).

[3] unitéBasé surSystème international d'unités(OUI) pour la grandeurtempérature thermodynamique. Le kelvin est la fraction 1/273,16 de la température thermodynamique dupoint tripledeeau, c'est-à-dire qu'il est défini de telle sorte que le point triple de l'eau soit exactement à 273,16 K

[4] Technique utilisée pour estimer l'âge des objets et

des événements.astrophysiciens. Cette technique utilise l'abondance de noyaux radioactifs, tels queuraniumEstthorium, semblable à l'utilisationCarbone-14dansdatation au carbone.

[5] Détermination de l'âge d'un objet à partir de substances.radioactifqu'il contient et les produits dudésintégration radioactive

[6] En astronomie, la parallaxe stellaire est utilisée pour mesurer la distance aux étoiles en utilisant le mouvement de la Terre sur son orbite. C'est l'angle formé par les rayons qui partent du centre d'une étoile et vont avoir, l'un au centre de la Terre, l'autre au point où se trouve l'observateur.

[7] La nucléosynthèse est le processus de création de nouveaux noyaux atomiques à partir de noyaux préexistants pour générer le reste des éléments du tableau périodique.

[8] Ce rayonnement a été prédit à partir de considérations théoriques à la fois sur lethéorie générale de la relativitécombien dethermodynamique classique. La ligne de raisonnement originale a été tracée par un scientifique israélien nomméjacob bekenstein, qui avait suggéré que les trous noirs pourraient avoir unentropiebien définis, ce qui, à son tour, suggérerait qu'ils ont aussi untempératuretout aussi bien défini. À la lumière de cette prédiction, le rayonnement de Hawking est parfois appelé rayonnement de Bekestein-Hawking.

À PROPOS DE L'AUTEUR

José Ruiz Watzeck

Journaliste, écrivain, auteur, géographe, mathématicien, professeur, neuropsychopédagogue, spécialiste de l'enseignement supérieur, diplômé en audit, gestion et licence environnementale, diplômé en géotraitement et géoréférencement, pédagogue.

LIVRES DE CET AUTEUR

L'histoire De L'astronomie: De La Préhistoire Au Xxe Siècle

L'astronomie est la plus ancienne des sciences. Les découvertes archéologiques ont fourni des preuves d'observations astronomiques chez les peuples préhistoriques. Depuis l'Antiquité, le ciel a été utilisé comme carte, calendrier et horloge. Les archives astronomiques les plus anciennes datent d'environ 3000 avant JC et sont dues aux Chinois, Babyloniens, Assyriens et Egyptiens. A cette époque, les étoiles étaient étudiées à des fins pratiques, comme mesurer le passage du temps (calendriers), prédire le meilleur moment pour planter et récolter, ou à des fins plus liées à l'astrologie, comme faire des prédictions sur l'avenir, qui croyaient que les dieux du ciel avaient le pouvoir de la moisson, de la pluie et même de la vie.

En étudiant des sites mégalithiques comme ceux de Callanish en Ecosse, le cercle de Stonehenge en Angleterre, datant de 2500 à 1700 av. C., et les alignements de Carnac en Bretagne, astronomes et archéologues ont conclu que les alignements et les cercles servaient de points de repère indiquant des références. et des points importants à l'horizon, tels que les positions extrêmes du lever et du coucher du Soleil et de la Lune, tout au long de l'année. Ces monuments mégalithiques sont d'authentiques observatoires de prédiction des éclipses à l'âge de pierre.

www.ingramcontent.com/pod-product-compliance
Lightning Source LLC
Chambersburg PA
CBHW070352220526
45467CB00001B/349